区域用水结构演变与调控研究

张玲玲 王宗志 著

科学出版社

北京

内 容 简 介

为调控区域用水结构，提高用水效率与效益，使区域经济社会发展与区域用水总量限制的水资源约束相适应，本书以江苏省为研究区域，编制考虑用水水平的区域投入产出表，建立产业用水变动驱动因素识别方法，构建基于投入产出分析的区域用水结构动态优化调控模型，探析区域产业用水与国民经济发展的相互作用机理；在重点分析产业用水结构的同时，运用系统动力学方法和空间计量经济学方法，全面探析用水结构的演变及其与经济增长在空间分布上的关联等内容。

本书适用于资源与环境管理、水利科学、区域经济学等学科的本科生、研究生及相关领域的教学和科研人员，以及水利、经济、农业、资源和环境等管理部门决策人员。

图书在版编目（CIP）数据

区域用水结构演变与调控研究 / 张玲玲，王宗志著. —北京：科学出版社，2016.5

ISBN 978-7-03-047653-1

Ⅰ. ①区… Ⅱ. ①张…②王… Ⅲ. ①水资源利用–区域规划–研究–中国 Ⅳ. ①TV213.4

中国版本图书馆 CIP 数据核字（2016）第 049029 号

责任编辑：周 丹 曾佳佳 / 责任校对：郑金红
责任印制：张 倩 / 封面设计：许 瑞

科学出版社出版
北京东黄城根北街16号
邮政编码：100717
http://www.sciencep.com

文林印务有限公司 印刷
科学出版社发行 各地新华书店经销

*

2016年5月第 一 版　　开本：720×1000　1/16
2016年5月第一次印刷　　印张：10 1/2
字数：200 000

定价：69.00元
（如有印装质量问题，我社负责调换）

前　言

随着经济社会的快速发展，水资源需求不断增加，以水资源短缺与水环境恶化相互激发而引发的水问题，严重制约着中国经济社会的可持续发展。这些水问题主要是粗放的经济增长与急剧的人口增加而导致的国民经济用水及与此同时产生的污废水超过了水资源与水环境承载能力的长期累积效应。

为应对日趋严峻的水资源形势，2009 年我国政府提出了"最严格水资源管理制度"的治水新理念，后经 2011 年中央 1 号文件《中共中央国务院关于加快水利改革发展的决定》、2012 年国务院 3 号文件《实行最严格水资源管理制度的意见》、2013 年国办发 2 号文件《实行最严格水资源管理制度考核办法》等多部高规格文件的颁发，确立了以水资源开发利用控制、用水效率控制和水功能区限制纳污"三条红线"为核心，以实行用水总量控制、用水效率控制、水功能区限制纳污和水资源管理责任考核"四项制度"为主要内容的水资源管理制度体系。这些政策、制度和相关实践的全面展开，表明中国未来实施最严格水资源管理制度，特别是区域用水总量控制制度的必然性。

区域用水总量是区域内农业、工业、生活、生态（河道外）等所有用水主体及其之间相互作用关系的集中涌现，由于水资源是国民经济的重要基础资源和不可或缺的生产要素，区域允许用水量及分配方式的变化，会直接导致某些经济部门的变动，这些经济部门的变动又会引起其他经济部门的变动，经济部门的连锁反应反过来会对区域用水分配格局进行重新调整。从某种意义上讲，水资源在国民经济结构的产业链中具有牵一发而动全身的作用。因此，如何通过调控区域的用水结构，提高用水效率与效益，使区域经济社会发展与区域用水总量限制的水资源约束相适应，是目前中国区域经济社会发展所普遍面临与亟待解答的关键科学问题。

本书共分为 9 章。第 1 章导论，主要介绍了本书的研究背景、主要内容和思路，以及国内外相关研究进展。第 2 章主要梳理了本书所用到的相关理论方法。第 3 章以 2005 年为价格基准年，以当年部门"实际用水量"作为一个独立的生产部门，编制了考虑用水的江苏省可比价投入产出序列表（1997 年、2000 年、2002 年、2005 年、2007 年和 2010 年）。第 4 章从用水量、用水结构、用水特性、用水偏差系数方面剖析了江苏省用水的现状特征。第 5 章构建了投入产出结构分解模型，通过对六个历史时间节点的扩展型投入产出序列表数据的结构分解分析，从生产和消费两个层面考察了江苏省 1997～2000 年、2000～2002 年、2002～2005 年、2005～2007 年、2007～2010 年五个时段产业用水变动的贡献,从"产业整体—三大产业—各国民经济部门"三个层次,找出了驱动产业用水变动的因素。第 6 章以 2010 年江苏省的扩展型投入产出表为基础,运用动态投入产出分析方法,对 2020 年的产业结构和用水结构进行预测,然后建立一个多目标优化模型对江苏省 2011～2020 年的产业和用水进行分析优化,直观地分析出经济发展和产业用水之间的关系。第 7 章在分析水资源与经济、人口、环境子系统之间的主要因果关系和反馈回路的基础上,了解系统各要素间的相互影响和作用关系,明确模型参数和方程设置,通过系统分析和结构模拟,运用系统动力学方法,构建了江苏省水资源-经济社会复合系统模拟模型。第 8 章运用区域经济学中的区位熵原理,定量测度了江苏省农业用水、工业用水和生活用水区位熵,进而构造了用水结构综合区位熵。运用空间计量经济学研究方法,系统分析江苏省用水结构的区域分布特征及分布格局,并探讨了用水结构差异的空间效应及其作用机制。第 9 章提出了江苏省用水结构调控的对策建议。

感谢国家自然科学基金青年项目(51109055)、面上项目(51279223)、国家软科学计划项目(2014GXS4B047)和河海大学社科文库出版项目的资助。感谢研究生李晓惠、沈家耀、朱志强和陈妍彦在江苏省可比价投入产出扩展序列表编制及数据计算处理方面做出的贡献。同时对文中引用和参考文献的作者表示感谢。最后对本书写作和出版过程中给予帮助的老师、朋友和家人表示感谢。

由于作者水平和时间有限,不妥之处在所难免,恳请读者批评指正。

目 录

前言
第1章 导论 ... 1
  1.1 研究背景与意义 ... 1
  1.2 国内外研究动态分析 ... 3
    1.2.1 用水结构研究述评 ... 3
    1.2.2 投入产出分析研究述评 ... 8
    1.2.3 系统动力学研究述评 ... 10
    1.2.4 因素分解研究述评 ... 13
    1.2.5 空间计量经济研究述评 ... 14
  1.3 研究内容与创新 ... 17
    1.3.1 研究内容 ... 17
    1.3.2 研究创新点 ... 19
  1.4 研究区概况 ... 21
    1.4.1 江苏省简介 ... 21
    1.4.2 水资源与水环境概况 ... 22
    1.4.3 社会经济概况 ... 22

第2章 研究的理论方法基础 ... 24
  2.1 投入产出分析 ... 24
    2.1.1 投入产出分析产生与发展 ... 24
    2.1.2 投入产出表 ... 25
    2.1.3 投入产出模型 ... 26
  2.2 系统动力学 ... 27
    2.2.1 系统动力学产生与发展 ... 27
    2.2.2 系统动力学模型 ... 28
    2.2.3 系统动力学建模软件 ... 30
    2.2.4 模型边界的确定 ... 31
  2.3 因素分解分析 ... 31
  2.4 空间计量经济分析 ... 32
    2.4.1 空间计量经济学的定义 ... 32
    2.4.2 空间效应及其度量 ... 33

	2.4.3 空间权重矩阵	34
	2.4.4 空间横截面模型	35
2.5	本章小结	36
第3章	**扩展型投入产出序列表编制**	**37**
3.1	扩展型投入产出表编制基本思路	37
3.2	考虑用水的可比价投入产出表编制	38
	3.2.1 江苏省可比价投入产出表的编制	38
	3.2.2 考虑用水的投入产出表的编制	44
3.3	基本平衡关系	46
3.4	本章小结	46
第4章	**区域现状用水特征解析**	**47**
4.1	用水量变化分析	47
4.2	用水结构变化分析	51
	4.2.1 用水结构现状	51
	4.2.2 用水结构演变规律	53
4.3	用水特性分析	55
	4.3.1 用水效率分析	56
	4.3.2 用水效益分析	62
4.4	用水偏差系数分析	68
	4.4.1 产业结构现状分析	68
	4.4.2 用水偏差系数分析	70
4.5	本章小结	72
第5章	**区域用水结构演变驱动因素分解**	**73**
5.1	产业用水变动一般分解模型	73
	5.1.1 模型构建	73
	5.1.2 总体产业用水变化分解特征	76
	5.1.3 三产用水变化分解特征	77
	5.1.4 国民经济各部门用水变动分解特征	79
5.2	最终需求拉动下的六因素分解模型	82
	5.2.1 模型构建	82
	5.2.2 总体产业用水变化分解特征	83
	5.2.3 三产用水变化分解特征	85
	5.2.4 国民经济各部门用水变动分解特征	86
5.3	本章小结	90
第6章	**区域产业用水结构优化**	**91**
6.1	以经济发展定用水需求	91

6.2 以水定经济发展 93
6.3 用水结构优化模型 95
 6.3.1 目标函数 95
 6.3.2 约束条件 96
 6.3.3 模型变换 97
6.4 模型中数据的获得与处理及求解 98
 6.4.1 直接消耗系数的修正 98
 6.4.2 投资系数的确定与修正 99
 6.4.3 最终净消费、直接取水系数的预测 102
6.5 模型求解 102
 6.5.1 乘除法 102
 6.5.2 功效系数法 103
 6.5.3 计算结果分析 103
6.6 本章小结 108

第7章 区域用水结构演变模拟 110
7.1 用水结构演变模拟的基本思路 110
7.2 模型的结构 110
 7.2.1 模型的边界 110
 7.2.2 子系统的划分 111
 7.2.3 主要的因果关系 111
 7.2.4 建立系统流图 112
7.3 模型的主要参数 114
 7.3.1 模型参数资料来源 114
 7.3.2 基本参数的确定 114
7.4 模型的主要方程 118
7.5 模型的检验 120
 7.5.1 结构检验 121
 7.5.2 历史检验 121
 7.5.3 关键调控变量的确定 122
7.6 用水结构演变的情景方案设计 123
 7.6.1 方案设定依据 123
 7.6.2 各情景方案之GDP总量分析 123
 7.6.3 各情景方案之用水总量分析 124
 7.6.4 各情景方案之水资源供需平衡比分析 125
 7.6.5 综合结果分析 125
7.7 重点产业部门的确定 126

7.8 江苏省产业部门综合效用测度方法 ·· 127
   7.8.1 取水特性指标 ·· 127
   7.8.2 经济效益指标 ·· 128
   7.8.3 产业部门用水综合评价指标 ·· 128
   7.8.4 江苏省各产业部门用水综合效用分析 ·· 128
   7.8.5 江苏省重点发展部门的确定 ·· 130
7.9 经济中速发展方案下关键部门取水和经济效益情况 ······················ 131
7.10 本章小结 ·· 132

第8章 区域用水结构与经济增长的空间分析 ····································· 133
8.1 研究方法与数据来源 ··· 133
   8.1.1 区位熵 ··· 133
   8.1.2 用水结构区位熵 ··· 134
8.2 空间模型构建 ··· 135
   8.2.1 ESDA：空间自相关分析 ·· 135
   8.2.2 模型设定 ··· 136
   8.2.3 直接效应和溢出效应 ·· 136
8.3 指标选取与数据来源 ··· 137
   8.3.1 样本选择与变量描述 ·· 137
   8.3.2 空间权重指标的选取 ·· 138
8.4 实证结果及分析 ··· 139
   8.4.1 用水结构区位熵的空间相关性及集聚现象检验 ···························· 139
   8.4.2 空间面板计量模型检验结果 ·· 142
8.5 本章小结 ··· 146

第9章 江苏省用水结构调控的对策建议 ·· 147
9.1 保障江苏省经济社会可持续发展，未来须以用水总量控制为约束 ······ 147
9.2 江苏省用水结构调控，存在优化空间 ·· 148
9.3 以用水结构的优化调控，推动产业结构的革新升级 ·························· 148
9.4 调整最终需求，引导节水型生产结构 ·· 150
9.5 投资节水技术，降低用水强度 ·· 151
9.6 加强法律法规建设，完善水资源管理体制 ·· 152
9.7 本章小结 ··· 152

参考文献 ·· 153

第1章 导 论

1.1 研究背景与意义

中国是一个干旱缺水严重的国家。淡水资源总量为 28 000 亿 m^3，占全球水资源的 6%，仅次于巴西、俄罗斯和加拿大，居世界第四位。但人均水资源占有量只有 2300m^3，仅为世界平均水平的 1/4、美国的 1/5，在联合国 2006 年对 192 个国家和地区评价中，位列 127 位，是全球 13 个人均水资源最贫乏的国家之一（中华人民共和国水利部，2010）。扣除难以利用的洪水径流和散布在偏远地区的地下水资源后，中国可资利用的淡水资源量则更少，仅为 11 000 亿 m^3 左右，人均可利用水资源量约为 900m^3，并且其分布极不均衡。到 20 世纪末，全国 600 多座城市中，已有 400 多个城市存在供水不足问题，其中比较严重的缺水城市达 110 个，缺水总量为 60 亿 m^3。

近 50 年来，受自然因素和人类活动的影响，我国水资源发生了深刻变化，尤其是 21 世纪以来，全国水资源量减少较明显。2001~2009 年与 1956~2000 年比较，全国降水减少 2.8%，地表水资源和水资源总量分别减少 5.2%和 3.6%，南北方均有所减少，其中海河区减少最为显著，降水减少 9%，地表水减少 49%，水资源总量减少 31%（中华人民共和国水利部，2010）。全国总用水量从新中国成立初期的 1031 亿 m^3 增加到 2013 年的 6183.4 亿 m^3，增加了近 5 倍，年均增长率 1.4%。2013 年全国总用水量 6183.4 亿 m^3，占当年水资源总量的 22.1%，其中生活用水占 12.1%，工业用水占 22.8%，农业用水占 63.4%，生态环境补水（仅包括人为措施供给的城镇环境用水和部分河湖、湿地补水）占 1.7%（中华人民共和国水利部，2014）。由于可利用的淡水资源有限，加上需水不断增加、水资源浪费、污染以及气候变暖、降水减少等原因，加剧了水资源短缺的危机。

改革开放以来，中国经济发展取得了翻天覆地的变化，国内生产总值（GDP）逐年增加，2000 年 GDP 为 99 214.55 亿元，2014 年 GDP 达到 636 464 亿元，2014 年 GDP 是 2000 年 GDP 的 6 倍之多，中国在经济发展上所取得的成就被世人称为"增长奇迹"（国家统计局，2015）。此外，中国还是贸易出口大国，2013 年，中国货物进出口 4.16 万亿美元，一举成为世界第一货物贸易大国，也是首个货物贸易总额超过 4 万亿美元的国家，创造了世界贸易发展史的奇迹。水资源是人类社会生存与发展的基础性自然资源，是控制生态环境的关键要素，同时又是决定社会经济持续稳定发展的战略性经济资源（雷明，2000；汪党献等，2011）。

随着经济社会的快速发展，水资源需求不断增加，以水资源短缺与水环境恶化相互激发而引发的水问题，严重制约着中国经济社会的可持续发展（中国科学院可持续发展战略研究组，2007）。这些水问题主要是粗放的经济增长与急剧的人口增加而导致的国民经济用水及与此同时产生的污废水超过了水资源与水环境承载能力的长期累积效应（胡四一等，2010）。

国家始终高度重视水资源问题应对和安全保障体系的建设，全国现状供水能力超过 7000 亿 m^3，实现了以占全球 6%左右的水资源量，支撑全球 22%的人口和超过 10%的经济发展速度。2011 年中央 1 号文件通过了《中共中央国务院关于加快水利改革发展的决定》（中国水利报，2011），7 月 8 日召开了中央水利工作会议；《中共中央国务院关于加快水利改革发展的决定》第十九条"建立用水总量控制制度"中也明确指出"抓紧制定主要江河水量分配方案，建立取用水量总量控制指标体系，确定水资源开发利用红线"。2012 年 2 月国务院发布了《关于实行最严格水资源管理制度的意见》（国发〔2012〕3 号），确定了水资源问题应对策略，意味着中国对水资源与水环境问题给予极大关注。1 号文件明确提出要实行最严格水资源管理制度，将其定位为"加快转变经济发展方式的战略举措"。这些政策、制度和相关实践的全面展开，表明中国未来实施最严格水资源管理制度，特别是区域用水总量控制制度的必然性。

区域用水总量是区域内农业、工业、生活、生态（河道外）等所有用水主体及其之间相互作用关系的集中涌现，由于用水主体是有限理性的，存在受用水习惯、收入水平等因素驱使的依赖性，但当包括水资源供给条件和水资源管理政策等构成用水环境的诸多要素发生变化时，其用水行为（为适应环境的外在表现）又会自动调整以适应环境。这正是加强制度建设进行水资源管理的基本前提。此外，由于水资源是国民经济的重要基础资源和不可或缺的生产要素（康绍忠等，2009），区域允许用水量及分配方式的变化，会直接导致某些经济部门的变动，这些经济部门的变动又会引起其他经济部门的变动，经济部门的连锁反应反过来会对区域用水分配格局进行重新调整。从某种意义上讲，水资源在国民经济结构的产业链中具有牵一发而动全身的作用。因此，如何通过调控区域的用水结构，提高用水效率与效益，使区域经济社会发展与区域用水总量限制的水资源约束相适应，是目前中国区域经济社会发展所普遍面临与亟待解答的关键科学问题。这需要在科学揭示区域用水总量与国民经济发展相互作用机理的基础上，实现用水总量在产业结构各部门的科学分配，保证区域经济发展适应用水总量约束的外部环境变化，将水资源约束对区域经济发展造成的负面影响降到最低。

众所周知，水资源的可利用量是有限的，所以对水资源的利用必须在其承载力范围之内。作为可再生资源，水能的增长趋势如图 1-1 所示，它的生产率呈逐渐上升直至最终趋于稳定的趋势。其生产率即水资源利用将最终趋向一个极限值。

这表示每单位总产出的水资源利用量将最终趋于稳定状态，不会再减少（Daly，1968）。因此，仅仅依靠提高用水效率无法解决水资源的可持续利用问题。技术性节水管理的效应是有限的，最终将趋于无效。对此，水资源管理的理念亟须从供水管理向需水管理转变（程国栋，2003）。

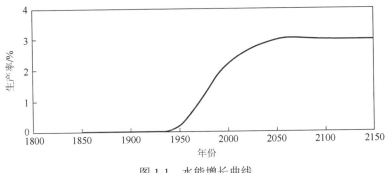

图 1-1 水能增长曲线

从水资源管理的视角来看，要实现区域社会经济和水资源的和谐可持续发展，需要掌握水资源利用变动情况，即用水结构现状及其变动情况。就生活、生产和生态"三生"用水结构而言，生产用水（书中也称产业用水）占比例最大，可达到 90%左右，生态用水所占比例较小，生活用水的变化主要与人口、收入水平和用水观念相关，且占比例也较小。随着人们生活水平的提高、环境保护意识增强以及更多的环境质量要求，生活和环境用水未来呈现增长趋势。在用水总量控制背景下，要实现用水总量不增加，需要缩减占用水比例最大的生产用水，在减少生产用水的同时，还需要保证经济发展规模和速度等不受影响或尽可能受较小的负面影响。因此，研究生产用水结构显得尤为关键。本研究的区域用水结构主要是指区域用水量在用水主体的分配比例，用水结构受经济等因素影响且随时间和空间动态变化。考虑到生产用水在总用水中所占比例较大，而且投入产出分析侧重于分析产业部门的用水（即生产用水），因此书中运用投入产出分析技术重在研究生产用水结构，与此同时，则运用系统动力学方法和空间计量经济学方法，全面探析了用水结构（生产、生活和生态用水结构）的演变、与经济增长在空间分布上的关联。

1.2 国内外研究动态分析

1.2.1 用水结构研究述评

狭义上的用水结构指的是某一国家或地区在一特定时限内（通常为一年）各

类用水主体用水量在总用水量中的构成比例,是水资源利用状况的最直观反映,也是各用水主体用水量的重要表现。广义上的用水结构还包括用水系统内各用水主体之间联立、制约的存在关系,不同用水主体的用水行为总和成一个完整的用水系统。用水结构是水资源禀赋、产业结构、政策等多重因素综合影响的结果。对用水结构进行深入研究,既能从宏观角度分析水资源系统与经济社会系统之间的相互耦合的反馈过程,也能从微观角度探究用水主体之间(如生活用水与一般工业用水)的相互依存的博弈关系。

1.2.1.1 用水主体的划分

发达国家和发展中国家在用水结构的划分标准上存在差异。在欧美发达国家,水资源管理部门将用水主体分为农业用途(agricultural use)、工业用途(industrial use)、市政用途(municipal use)、水库蓄积(reservoirs);在发展中国家用水结构分析中,一般将用水部门分为工业、农业、民用三部分;按地域划分可分为行政区域用水结构和流域用水结构(多行政区域交叉);在我国,水资源公报将用水结构分为农业、工业、生活、生态四个方面(中华人民共和国水利部,2014);根据城市用水分类标准,将用水分为居民家庭用水、公共服务用水、生产运营用水、消防及其他特殊用水。

用水结构是用水主体(用水户)用水量占总用水的比例的直接反映,用水主体的不同划分标准产生不同的用水结构。我国目前将用水主体进行逐级分类,将总用水划分为河道内用水与河道外用水,河道外用水主要分为生活用水、生产用水和生态用水,是用水结构划分的主要依据;河道内用水是指河流、水库、湖泊内用于水力发电、航运、淡水养殖、冲沙、旅游、河道内环境等,只对蓄积区域的流量和水位有基本要求,具有耗水率低的特点(中国工程建设标准化协会建筑施工专业委员会,2006)。本书中用水结构的划分主要指的是河道外用水,河道内用水不纳入研究范围。河道外与河道内用水主体的具体构成如图1-2所示。

1.2.1.2 用水结构现状、演变与影响因素分析

目前用水结构研究内容主要集中在用水结构现状分析、结构演变、影响因素和其与产业关联分析等方面。下面分别阐述。

(1)在区域用水结构现状分析方面。王红瑞等(1995)采用直接用水系数、完全用水系数、用水乘数等指标对1991年北京市的用水结构现状进行分析;周军等(2004)概述了中国城市供水和用水结构状况,并指出水资源短缺所引发的各种供水问题的严重性;潘雄锋等(2008)对我国1997~2004年的用水结构现状进行分析;刘欢等(2014)对郑州市2005~2011年用水结构现状以及空间分布特点进行分析。

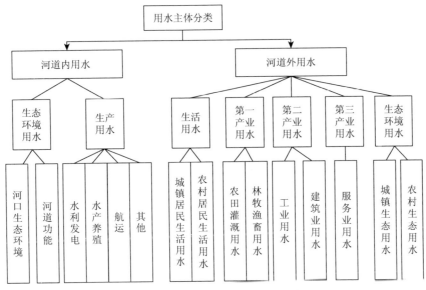

图 1-2 我国用水主体分类口径及构成

（2）在区域用水结构演变方面。王小军等（2011）通过收集陕西省最北部的榆林市 1990~2006 年社会经济系统中各行业用水量，并排除冗余信息，得出 1990~2006 年用水量的信息熵值及优势度演变规律；王玉宝等（2010）通过历史数据分析了我国农业用水结构，并对农业用水结构的演变趋势进行预测分析；马黎华等（2008）引入信息熵，分析了近二十年石羊河流域用水结构的演变规律；贾绍凤等（2004）以发达国家为例分析了工业用水变化和经济发展之间的关系，得出工业用水演变符合库兹涅茨曲线的变化规律的结论；柯礼聃（2002）在对我国的经济结果的分析中认为我国总体用水量稳中有降，用水结构的变化为生活用水比例增加，工业、农业用水比例下降；吴孝情等（2014）认为用水结构具有分阶段演变的特点，社会经济因素是东江流域用水结构变化主要驱动因子。

（3）在区域用水结构影响因素方面。Kondo（2005）结合 I-O 表和 SDA 模型，把日本虚拟水的出口变动分解为三大效应，研究出口与用水之间的关系；吕翠美等（2008）运用灰色关联度分析方法，对郑州市的农业用水、工业用水和生活用水增长的主要驱动因素进行归纳总结；贾绍凤等（2004a）采取因素分解技术，对北京市如何在提高水资源利用率的前提下进行产业结构调整提出针对性对策；赵菲菲等（2012）运用因子分析法对三江分局用水结构的驱动因子进行了筛选，分析了用水结构变化的主要驱动力；刘云枫等（2013）对北京市第二产业用水变动的影响因素进行分解，利用 LMDI 模型对 1996 年来的长序列数据进行分解。

（4）在区域用水结构与产业关联分析方面。雷社平等（2004）以北京市作为研究对象对产业结构调整和水资源变化关系进行了研究，得出产业结构与用水量之间存在高度相关的关系；许凤冉等（2005）用灰色关联法对农业、工业及第三产业的各行业构成比例及其相应的用水量进行计算分析；汪党献等（2005）建立了水资源投入产出分析模型，构建了产业结构及用水效益的评价体系，提出了节水高效型产业结构的判定标准及方法；黄晓荣等（2006）运用产业结构偏离度模型，分析了宁夏第一产业与第二产业之间的比例结构；云逸（2008）采用北京市用水结构域产业结构的成分数据建立了两者的偏最小二乘法线性回归模型，分析了北京市用水结构与产业结构之间高度相关性；章平（2010）提出采用能源需求面板数据模型，以深圳市作为分析对象进行验证，考察产业结构演进中用水需求的变化规律；许士国等（2012）采用用水效益评价模型，基于吉林省用水量数据，运用信息熵和均衡度相关概念分析了用水结构的变化规律，计算出农业用水的边际效益；蒋桂芹等（2013）讨论了水资源与产业结构演进的互动关系。

1.2.1.3 用水结构变化趋势分析

用水结构不仅可以直观地表现出国家或地区的发展现状，也能在一定程度上反映国家或地区的科研能力和科技水平。根据 2008 年联合国教育、科学与文化组织官网上公布的用水数据可知，世界上各个国家的用水结构现状和社会经济发展现状具有很强的匹配性。生活用水占总用水的比重大，说明经济发达，生活质量较高；工业用水比重大，说明工业化程度发达或工业用水效率低下；而农业用水占总用水比例大，不仅说明其是以农业为主要产业，而且也从侧面反映农业科技较为落后（吴普特等，2003）。走在工业革命、科技革命最前端的欧美发达国家的用水系统得到资金和技术的强大支持，一方面用水效率提高、总用水量下降；另一方面研究重心从水量调整为水量、水质的综合分析。分布在亚洲和非洲的发展中国家，农业仍然是国民经济的主导产业，与之对应的在用水总量中占绝对主导的农业用水，因为用水基数较大，用水效率较低，上升趋势明显；工业和第三产业虽然基础薄弱，但往往因为其强大的经济带动效应能得到政府的大力支持，未来总用水量也呈现明显上升趋势。在世界范围内，农业仍然是用水结构中占最大比例的部门，工业、市政用水都存在不同程度的缓慢增加。从用水结构变化来看，可以从不同用水主体进行分析。

（1）第一产业用水量及用水比例不断降低。在全球大部分地区的用水结构中，第一产业具有较高的用水量投入、较低的增加值产出的特性，提高农田灌溉用水和林牧渔畜用水的用水效率是当前各国应对水资源约束的主要对策之一。农业向精细化和节能化生产方面转变，各种节水设施的广泛使用，使得灌溉用水大幅度减少；第一产业中农林渔畜业的内部优化，农业产品生产不再局限于低技术含量、低附属价值的模式，使得农业产值不断提高，从而有更多的资金投入到水利基础设施建设与农业节水技术的推广中。

（2）第二产业用水量及用水比例的变动将经历两个阶段。第一阶段为工业化初始阶段，大批工厂的设立，工业规模迅速扩大直接带动了工业用水量的剧增，在此阶段内，节水、治污技术尚未得到推广，相关的政策法规有待完善，第二产业用水量及用水比例不断上升。第二阶段为传统工业向高新技术工业转变阶段，在此阶段内工业用水效率不断提高，第二产业用水量呈现零增长或负增长趋势，对应的第二产业用水比例基本保持稳定。

（3）第三产业用水量上升但用水比例基本保持稳定。在全球化大背景下，无论在发达国家还是发展中国家，新的科技革命和城市化为第三产业的发展提供了强大动力，扩大了第三产业用水量的需求，但第三产业中金融、贸易等低耗水高产值行业的发展，使得万元第三产业增加值用水量不断降低。作为用水效率最高的部门之一，第三产业用水量及用水比例并没有随着产值增大而急剧增加，但第三产业作为在社会再生产中的生产和消费服务的部门，服务性质决定着其对水质的要求要高于第一产业和第二产业。

（4）居民生活用水和生态环境用水的用水量和用水比例不断增加。随着城市化的快速发展和人民生活水平日益提高，生活用水大幅增加。生态环境用水量是维持生态系统稳定和健康运行所需要的水量，其用水量及用水比例的大小是衡量一个国家或地区发展水平的标准之一。生态环境用水量、用水比例增加，用水保证率提高是未来发展的必然趋势。

综上所述，以上研究均对用水结构做出了有益探索，但需在以下方面值得进一步深化开展。

（1）关于用水结构组成的相关研究大多仅限于宏观分析，注重于工业、农业和生活的用水结构，或农业用水结构，或城市用水结构等分析，缺少从生活、生产、生态的用水结构、三次产业的用水结构和国民经济各行业部门的用水结构三个层面分层次系统地开展用水结构的研究。

（2）关于区域用水结构变动影响因素的研究主要采用因子分析、回归分析和指数分解法，这些方法主要是对宏观的用水结构变动的影响因素进行分析，难以对门类众多的国民经济行业部门的用水结构变动影响因素进行分析，且没有基于可比价的投入产出序列表从最终需求或产业中间技术等因素方面作深入分析。

（3）鲜有将系统动力学与投入产出分析结合，模拟不同经济发展模式下的用水结构并确定发展的关键产业部门。

（4）已有研究将研究单元视为相互独立且均质的个体，忽略了邻域单元间的空间联系和相关性，对区域用水结构的诸因素的实证分析或者以时间序列法进行分析，缺乏对区域用水结构空间效应的考虑，更没有关注到经济、社会等更复杂的因素在空间上对用水结构的影响。

1.2.2 投入产出分析研究述评

1.2.2.1 水资源投入产出分析

投入产出分析，又称"部门平衡法"，或称"产业联系"分析，是由美国经济学家列昂惕夫（Leontief）在20世纪30年代最早提出来的（Leontief，1970，1996）。它主要通过编制投入产出表及建立相应的数学模型，反映经济系统各个部门（产业）之间的相互关系（严婷婷等，2009）。水资源投入产出分析开始于20世纪60年代，随着水资源短缺和水环境问题的不断涌现，一批国外学者开始将投入产出分析应用于水资源水环境分析中，经过几十年的发展与探索，水资源投入产出分析在投入产出表编制以及模型应用方面都有了重大发展。

（1）水资源水环境投入产出表的编制方面。Bouhia（1998）提出了水资源利用投入产出表：在传统的 I-O 表的投入部分加入"水的投入"；在产出部分加入"自然储水量变化"。加入"水的投入"板块较好地表达了水资源在国民经济活动中的流动情况；加入"自然储水量变化"则直接反映出各种经济活动所实际消耗的用水量。汪党献（2003）提出的水资源投入产出表，以对角矩阵的形式加入"用水量"，用来反映各经济部门对水资源的利用情况。该模型结构简单，易于操作。陈锡康等（1987）在水资源投入产出表的基础上加入了"污染物"板块，编制出包含水污染分析的水资源投入产出表，该模型结合了资源利用与环境保护两方面的内容。陈锡康等（2002）提出了水资源投入占用产出表，除加入水资源投入与水污染之外，还加入了劳动力、固定资产、流动资产在内的占用部分，更好地反映了存量与流量之间的关系。金占伟（2007）在总结以往研究成果的基础上，将水资源、水环境纳入投入产出表中，建立水资源、水环境与经济之间的数量关系。付强等（2010）基于投入占用产出理论建立了黑龙江省水资源投入产出表，计算该省的用水效率和用水效益。

（2）水资源与水环境投入产出模型应用方面。①用水特性及关联分析。Hassan（2003）构建了南非水资源投入产出模型，分析用水密集型产业的完全经济效益。Duarte 等（2002）以各部门耗水量为度量，提出了改进的产业用水关联分析方法，将部门用水关联影响效应分解为内部、复合、净前项、净后项四个组成因素。刘金华等（2011）构建了 2005 年黄河流域水量-水质投入产出表，分析得出了黄河流域国民经济行业总体用水、耗水、排污的特性，提出了不同行业的发展战略与建议。②水价分析。Wernstedt（1991）建立了哥伦比亚河流域地区投入产出模型，研究不同水资源政策对城乡家庭收入变化的影响，分别从长期和短期来考虑价格变化的影响。Brooks 等（2002）利用水资源投入产出模型和线性最优规划解，得出热带流域保存水资源的影子价格,来体现水资源价值。田贵良等(2011)基于水资源投入产出分析构建虚拟水贸易理论框架下的水价敏感性模型,分析水价上涨对各产业产品价格的影响。③水资源配置分析。Mensah(1980)将投入产出分析与目标规划相结合,对美国爱荷华州各经济部门和8个供水区2020年用水需求做出预测。Samad(1983)以澳大利亚的墨累河流域为研究区域,将投入产出法和水文、资源经济相结合,通过情景模拟来评价不同水资源配置方案下的经济效应。朱立志等(2005)从农用水资源配置效率及承载力可持续性研究的角度,分析了华北地区农用水资源投入产出状况与配置效果、提高利用率的潜力以及农用水资源利用与经济发展的耦合效应。④虚拟水分析。虚拟水的概念是由Allan(1997)首次提出的,现已广泛运用于投入产出分析中。Kondo(2005)在基于日本投入产出表的基础上,运用因素分解分析方法,将该国虚拟水出口变化分解为直接用水系数效应、间接用水系数效应和出口量效应,研究产品出口与水资源之间的关系。Dietzenbacher等(2007)在投入产出框架下分析了安达卢西亚的虚拟水贸易,并提出作为水资源净出口国(安达卢西亚)应尽量减少农产品的出口。雷玉桃等(2012)构建了水资源投入产出模型,计算了中国17个国民经济行业的用水系数和虚拟水进出口量,提出纺织、缝纫及皮革产品制造业,其他制造业,食品制造业是虚拟水净出口最大的三个行业。

国内外学者在水资源投入产出表的改进及其模型应用方面都取得了显著的研究成果,也为水资源研究开辟了新的研究前景与技术支撑。但纵观国内外的研究进展,在利用多张投入产出表进行研究时,较少考虑到应扣除价格变动因素影响来建立可比价序列表进行分析。

1.2.2.2 投入产出优化分析

王全忠等(1986)以静态投入产出模式的基本矩阵方程为基础,考虑实际生产发展过程中的一些约束,建立优化模型,并且用修订的单纯形方法求解给出优化方案。戴维·哈京斯等(1948)提出以微分方程形式表示动态投入产出模型。Leontief(1970)提出著名的"动态求逆",为建立动态投入产出模型奠定了基础。曾五一(1985)评价了动态投入产出优化模型,提出在应用这一模型时应注意的问题,并将动态投入产出优化模型与高速公路定理相结合来解决长期的动态最优问题。何堃(1988)在动态投入产出模型的基础上提出了动态投入产出优化的模型,并根据最小值原理来求解。夏绍玮等(1986)建立了考虑投资时滞的动态优化模型,并探讨了目标规划在动态模型中的应用。张金水(2000)将线性投入产出模型与可计算一般均衡模型相结合,建立了可计算非线性动态模型,将其应用于实践,构造出相应的单部门和六部门模型,对我国宏观经济的某些重要经济指标进行了预测，取得了较好的效果。张红霞等（2001）根据某市制定的"十五"规划，以该市 1997 年的投入产出表为基础，建立了一个多目标动态投入产出优化模型，采用目标规划法进行求解，对该市 1998～2005 年的 GDP、三产增加值以及各部门增加值进行预测。李强强（2009）以投入产出分析为基础，结合多目标规划理论，分别建立用于分析企业与国家能源系统的多目标投入产出模型，并运用遗传算法求解。付雪等（2012）基于 2007 年中国能源-碳排放-经济投入产出表建立了投入产出优化模型，测算国民经济各行业的产业结构调整潜力。宋辉等（2010）利用河北省四年的投入产出表建立国民经济 18 部门的非线性动态投入产出优化模型，对未来经济发展进行预测和规划。

1.2.2.3 水资源投入产出优化分析

20 世纪 80 年代初，Mensah（1980）将投入产出分析与目标规划相结合，应用模型来分析美国爱荷华州各经济部门和 8 个供水区的水资源配置特征，对该州和供水区能否满足 2020 年用水需求做出预测。Samad（1983）提出将水文、资源经济和投入产出法相结合，模拟系统对于各种输入变量集的响应，评价不同水资源配置方案所产生的经济效应，并以澳大利亚墨累河流域为实例进行研究。李林红（2001）根据昆明市环境保护投入产出表建立了一个最优控制模型，利用昆明市 1997 年的投入产出表以及滇池流域的环境保护数据建立模型，得出滇池流域经济发展与环境保护之间存在着突出的矛盾，求出滇池流域经济发展的最优方案以及污染的最优治理水平，为制定"十五"期间滇池流域的可持续发展规划提供了依据。郭家祯（2010）构建了一个基于动态扩展投入产出模型的水资源利用多目标决策系统，对水环境模型和经济模型进行整合，采用多目标决策分析技术，实现了经济环境模型的动态协同运算和多目标优化求解。秦涛（2010）以可持续发展为基础，对宝鸡市水资源优化配置和投入产出进行了分析研究，提出转变经济增长方式，调整产业结构，制定合理的用水管理制度，积极保护生态环境的综合措施的水资源利用、水环境保护与经济协调发展的对策。方国华等（2010）依据水资源利用、水污染防治投入产出模型，构建了水资源利用、水污染防治投入产出最优控制模型。

综上所述，国内外学者在投入产出优化以及水资源配置的研究方面取得了显著的研究成果，也为水资源研究开辟了新的前景与技术支撑。但鲜见在水资源总量约束下将动态投入产出与产业结构优化调控相结合方面的研究。

1.2.3 系统动力学研究述评

系统动力学是一门分析研究信息反馈系统的学科。1961 年，美国麻省理工学院 Forrester 教授发表《工业动力学》一书，标志着这门学科的诞生。系统动力学是一门基于系统论，吸取反馈理论与信息论的精髓，并借助于计算机模拟技术融诸家精华于一炉，脱颖而出的新学科。它包括从结构上分析系统的方法和在计算机上实现仿真的程序设计语言两个组成部分。目前国内外关于系统动力学的研究已取得长足的进展，其应用涉及社会经济、工程、医学、心理学和管理学等领域。系统动力学还在各国的企业、部门、行业的规划与政策制定中发挥出重要的作用，并成为管理教育的一个重要学派。此外系统动力学还与其他学科相互借鉴，在系统动力学与混沌理论、分岔理论、交叉理论与突变理论的相互关系研究中，取得了一系列的成果。应用系统动力学研究水资源管理问题主要集中在两个方面。

（1）水资源供需平衡分析。陈南祥等（2010）建立了河南省水资源系统动力学模型，模拟预测了河南省未来几十年水资源的需求状况，提出了较为合理的水资源配置方案。何力等（2010）综合考虑水资源需求、水资源供给、非常规水源利用、南水北调供水、城市水价等因素，利用系统动力学方法模拟出邯郸市2005～2030年水资源供需系统。张宝安等（2008）以2005年为基准年，建立了秦皇岛市水资源供需平衡系统动力学模型，对2010年和2020年的水资源供需平衡情况进行了预测分析。秦欢欢等（2010）针对山东省水资源系统的复杂性特征，将水资源系统划分为人口、工业及第三产业、农业、水环境和水资源五个子系统，建立反映水资源供需变化的系统动力学模型，并模拟试验了政策变化对水资源供需状况的影响。Simonov（2004）在对非洲尼罗河流域农业用水状况进行研究时，运用系统动力学模型中的因果反馈关系，分析当地水资源长期规划中各项目标的可实现程度。Ines Winze（2008）等用系统动力学来解决动态水资源管理在区域规划中存在的问题和河流流域管理、城市水资源管理、洪水和灌溉展览重要的短期和长期影响等复杂问题。并在这些领域跟踪系统动力学的理论和实践的发展，确定并讨论了系统动力学在预测区域需水量的仿真应用的最佳做法和常见的陷阱。张雪花等（2008）用 SD 法在城市需水量预测和水资源规划中进行了应用研究。

（2）在水资源承载力研究方面。黄林显等（2008）建立水资源承载力系统动力学模型，模拟山东省2001～2020年水资源承载能力的动态变化，提出了山东省水资源可持续发展的优化方案。黄莉新（2007）运用基于水资源供需紧张度系数的水资源承载能力系统动力学评价方法，计算了包含经济增长率、供水水平和保证率三组参数 8 种典型方案的江苏省水资源承载能力。卢超等（2011）运用系统动力学模型研究了水资源承载力约束下小城镇经济持续发展的规模、产业结构及人口数量。程莉等（2010）通过水资源承载力系统动力学模型模拟 2001～2030 年苏州市水资源承载力的动态变化，得出不同水平年苏州市水资源承载能力。Matthias（1994）针对美国佛罗里达州沿海地区的地下水海水倒灌对水资源利用造成的影响进行模拟。Richard Palmer（1997）利用系统动力学模型，对影响全球多个流域水资源供应的诸多情景（洪涝、干旱等）进行模拟分析，得出在流域水资源管理过程中的应对方法。Sagged（2004）将系统动力学模型与遥感技术结合，建立考虑外部自然环境变动的北美洲水资源系统优化配置模型，从空间维度与时间维度研究水资源系统中存在的动态反馈关系。Amgad 等（2007）认为，虽然许多研究应用模型于水资源管理的各个方面，但很少关注给予建模方法创新处理。依据系统动力学，建立了 ERWM 模型（经济重新分配水模型），用来检查各地农业灌溉面积，最大限度地减少水的成本，重新分配水资源。ERWM 纳入广泛的复杂性，在水资源管理中遇到的地表水和地下水源，约束制度，如最大的地下水抽水率，最大可能的交易量和差分水资源价格之间的贸易。结果表明，利用系统动力学方法估算和评估替代的水资源管理战略成果，具有明显优势。

国外系统动力学在水问题方面的研究主要是运用系统动力学方法建立世界水模型及其对世界水资源的评价应用。对水资源利用的量化研究，要求把人口、经济、资源和环境作为一个动态复杂系统，而系统动力学则是人们研究和处理这种动态复杂的有效认识和模拟实验工具。在国内，陈成鲜等（2000）运用系统动力学方法，将水资源与社会、经济、人口、环境放在一个大系统中，引入水资源可持续利用发展因子，建立了我国水资源可持续发展的系统动力学模型，研究分析了满足我国未来用水需求和保障水资源可持续发展的战略，研究结果表明：系统动力学模拟可以得到难以用数学分析得到的系统特性参数和政策调整的合理模式，是水资源可持续发展战略研究和系统运行控制策略研究的一条可行途径。

通过以上文献回顾可以看出，系统动力学方法弥补了传统因果分析法中单纯描述的不足，把对发展模式的预测建立在对系统结构分析的基础上，不仅为区域的可持续发展研究提供了理论基础，而且有较强的可操作性。并且，建立在系统结构基础上的系统动力学模型更加深刻地反映了复杂系统的内在发展机制，据此而做出的预测就能比较全面地反映系统宏观、长远的发展趋势。此外，系统动力学方法可以通过模拟来检验不同方案的实施效果，进而为流域水资源与社会经济协调可持续发展模式的选择奠定基础。

由以上文献可以看出，目前投入产出分析方法已被绝大多数学者认可，是一种比较科学的现代化经济管理方法。然而，该方法在使用中有一条基本的假设，即最终使用的变动能在很短时间内被所有的经济部门了解和掌握，并根据完全消耗系数调整本部门的生产计划。在计划经济条件下，该假设基本可以和现实相符合，因为从理论上讲，政府主管部门可以根据最终需求的变动安排生产活动。但是在市场经济条件下，每一部门的生产活动都是由各部门面对的不同市场所决定的，最终需求的变动对经济活动的影响对最初级的生产者来说，需要经过一段时间才能感觉到。而在传统的投入产出分析中，这种需求变化的时滞效应无法反映出来，这是投入产出分析法在市场经济条件下应用时面临的一个现实问题。而将系统动力学方法与投入产出分析结合起来，实现投入产出过程的动态模拟，使需求变化的时滞效应能通过模拟形象地表示出来，为投入产出方法在市场经济条件下的应用提供了一种解决思路。

1.2.4　因素分解研究述评

因素分解模型是一种分析资源或能源利用（或消费）变动机理的有效工具，包含多种分解比较方法，通过因素分解来解释影响变量发展的根本性决定因素（Hoekstra et al.，2003）。其基本思想是通过将系统（经济系统、资源系统等）中某因变量的变动，分解为与之相关的各独立自变量变动之和，以测度其中各个自变量变动对因变量变动贡献的大小。常见的因素分解模型主要有两种：指数分解模型（index decomposition analysis，IDA）和结构分解模型（structural decomposition analysis，SDA）。IDA 利用部门水平的总和数据，容易进行时间序列和跨国比较（梁进社等，2007）。指数分解法就应用于能源及与能源相关的二氧化碳排放研究上。Ang 等（1997）在研究能源强度时提出改进的 Divisia 方法，不仅解决了残差剩余项的问题，还运用对数平均迪氏分解（LMDI）的方法解决了分解中的零值和负值问题，使对数平均迪氏分解法（LMDI）可以适用于大多数情形。国内对指数分解研究起步较晚，相关研究集中在对指数分解的应用研究上。刘兰翠（2006）采用 LMDI 方法的时间序列分解方式，实证分析了我国 1999~2003 年间 36 个工业部门能源利用的二氧化碳排放量的变动，对影响二氧化碳排放量变化的能源强度、产业结构、电力排放率等因素进行了分析和国际比较。分析结果表明经济增长和能源强度变化是影响二氧化碳排放量变动的主要原因。孙才志等（2011）基于扩展的 Kaya 恒等式建立因素分解模型，应用 LMDI 分解方法对中国 1997~2007 年的三次产业用水量变化进行分解分析，从时间序列上探讨主要的影响因素及其贡献率量化。研究结果表明经济发展水平和用水技术水平是导致我国产业用水量变动的决定性因素。

结构分解技术是一种比较静态分析方法，其核心思想是将经济系统中某目标变量的变动，分解为有关各独立自变量各种形式变动的和，进而测算各自变量对目标变量变动贡献的大小。将投入产出模型（IO）与结构分解分析（SDA）技术相结合，即投入产出结构分解（IO-SDA）模型，能够分析经济系统中的总量变动、结构变动、能源消耗等问题，近年来逐渐成为投入产出领域的一种主流分析工具，在经济增长、贸易、资源环境、能源领域应用较为广泛。Leontief 等（1972）将投入产出结构分解法引入到与能源相关的环境问题的研究中，之后很多学者将该方法运用在能源需求、污染物排放等研究领域，如 Chang 和 Lin（2008）运用投入产出结构分解法对 1989~2004 年间台湾工业部门二氧化碳排放量的变化趋势进行研究，结果表明国内最终需求效应和出口效应会导致二氧化碳排放量增加；出口的结构变化对二氧化碳排放量影响较小。Xin 等（2013）运用投入产出结构分解法对北京 1995～2007 年间二氧化碳排放量的变化趋势进行分析，以解析技术、经济等因素对二氧化碳排放量的影响。实证研究结果表明，最终需求水平和产业结构变化对二氧化碳排放影响最为显著。国内运用结构分解分析法，进行能源与资源消耗方面的研究相对较晚，文献也较少。付雪和王桂新（2011）运用结构分解分析方法分析 2002～2007 年间上海碳排放强度下降因素，发现关键因素是最终需求结构，其变动会引起碳排放强度增长，中间生产过程的碳排放系数变动影响较大，因此应重视产业结构调整；在第二产业中，完全需求系数高的行业需要提高效率以降低碳排放强度。杨中文等（2015）用 SDA 模型对 1997～2007 年中国用水变动进行分解，分析结果表明，消费水平是各行业用水增长最重要的驱动力，而节水技术水平和最终需求结构对用水增长具有较强的抑制作用。人口规模和经济系统效率对用水的影响相对较弱。指数分解法仅能利用部门合计数据信息，因此只能反映直接效应，而结构分解法可与投入产出分析结合起来，除了能反映各种直接影响效应外，还能够反映间接影响效应（Hoekstra et al., 2003），相比于指数分解法从部门一次性消费角度分析资源耗用，可更加全面客观地反映部门及经济系统资源耗用情况。但受限于无法提供编制每年各国的统计资料，如我国的投入产出表每五年才公布一次，文献上的应用远低于指数分解模型。对于分解模式的选取，Hoekstra（2003）认为不同模式的因素分解，可提供不同视野的思考模式。因此，可根据研究的问题及资料情况，选取合适的分解方法。

1.2.5　空间计量经济研究述评

空间计量经济学是以计量经济学、空间统计学和地理信息系统等学科为基础，以探索建立空间经济理论模型为主要任务，利用经济理论、数学模型、空间统计和专业软件等工具对空间经济现象进行研究的一门新兴交叉学科。空间计量经济学的概念最早由 Paelinck 等（1979）提出。他定义的这个领域，包括空间相互依赖在空间模型中的任务；空间关系不对称性；位于其他空间的解释因素的重要性；过去的和将来的相互作用之间的区别；明确的空间模拟。Cliff 等（1973）针对空间自回归模型发展出相应的参数估计和检验技术；Anselin（1988）对空间计量经济学做了系统的理论梳理，并将空间计量经济学定义为："在区域科学模型的统计分析中，研究由空间引起的各种特性的一系列方法"，并提出了一系列空间计量经济学的不同估计方法，奠定了空间计量经济学的基本框架。

目前空间计量经济学已经成为计量经济学的重要分支，对于空间计量经济学国内外众多学者的兴趣几乎呈指数型增长，在计量分析中融入对空间因素的考察正在成为一种趋势，空间计量经济学也已开始从边缘进入计量经济学的主流。不仅在区域经济学、城市和房地产经济学及经济地理学等传统关注空间的经济学科中成为标准分析工具，而且在国际经济学、劳动经济学、公共经济学、政治学、资源和环境经济学及发展经济学中也得到了越来越广泛的运用。

（1）空间计量经济学在经济增长方面的研究。空间因素已经成为经济增长一个不可忽视的因素，越来越多地被纳入模型中进行分析。Mossi 等（2003）使用空间统计的工具分析了巴西 1939~1998 年间地区经济增长的空间依赖性。Sbergami（2002）使用 6 个欧盟成员国 1984~1995 年的跨国面板数据，对经济增长率和经济集聚相互关系进行实证检验。研究发现，高技术行业、中等技术和低技术行业的集聚对于经济增长率的影响都是负面的。Rey 和 Montouri（1999）从空间计量经济学的角度考察了美国区域各州收入的收敛性，并通过探索性空间数据分析结合空间计量经济模型，认为美国地区间经济增长存在收敛，并认为技术溢出或要素流动等具有地理维度概念的理论机制对经济增长具有决定性的影响。一些学者尝试运用空间动态面板数据方法（spatial dynamic panel data approach，SDPD）研究不同地区的收敛问题。如 Badinger 等（2004）同样应用空间面板模型分析欧盟地区区域经济发展的收敛性特征。国内学者如林光平等（2007）采用空间计量经济模型研究 28 个省市 1978~2002 年间人均 GDP 的收敛问题，研究中分别设定了地理空间及经济空间两个权重矩阵，并通过检验来选择合适的空间计量经济模型，结果表明在考察期内省区人均 GDP 趋于收敛。吴玉鸣（2006）运用空间计量经济模型，分析中国 31 个省市经济增长集聚及其影响因素，结果显示中国省区经济增长具有明显的空间相关性，在地理空间上呈现出集聚现象。

（2）空间计量经济学在技术创新方面的研究。Autant-Bernard（2012）指出，创新过程具有明确的空间异质性和空间依赖性，在知识生产函数中，通过空间计量经济学中的空间自相关工具可正确计算出模型系数，且能区分其直接和间接影响。Jaffe（1989）通过对美国各州创新数据的分析得出，私人企业的专利申请活动与来自大学科研的商业性外溢正相关。企业的专利申请活动不仅随企业科研经费的增加而加强，同时也是作为州内大学的科研经费投入的一个结果而存在。Fischer 等（2009）运用空间面板模型分析欧洲的跨地区知识溢出对全要素生产率的影响，研究发现，知识溢出对生产率的影响随地理距离的接近而增强。Bode（2004）通过空间计量经济学的方法研究 20 世纪 90 年代德国行政区域之间的知识溢出，发现只有研发强度低的地区受益于区际知识溢出，对于研发强度高的地方影响似乎不大。

随着空间计量经济学的进一步发展，众多学者开始关注创新外溢的地理距离，有的研究甚至是测度出了这种创新外溢的地理距离。Keller（2002）证明了 R&D 活动的技术外溢与空间分布高度相关，具有明显的地域性，会随地理距离递减，发现随着国与国间距离增加 1200km，技术创新扩散减少 50%，而且技术溢出的局部性随时间推移而减弱。符淼（2009）的实证研究证明省界对知识的传播有一定的阻碍作用，在一到两个省的范围或 800km 内为技术的密集溢出区，超过 800km 为快速下降区，超过 1250km 技术溢出效应强度减半。Bottazzia 和 Giovanni（2003）采用欧洲数据研究显示，欧洲创新外溢的距离为 300km。基本上所有的研究都表明了创新外溢主要存在于邻近区域内。

（3）空间计量经济学在区域经济方面的研究。在 Conley 和 Dupor（2003）的文章中，作者利用建立的半参数空间向量自回归模型，研究了美国实际部门间生产力的相互关系。Monterio（2009）在一般 VAR 模型的基础上考虑空间因素，研究一个国家的环境管制程度和开放度单方向或多方向的因果联系，最后给出了模型的脉冲反应结果。谢露露等（2011）利用 1985 年、1995 年和 2004 年三个观测年份的三位数工业行业数据和空间计量方法，对邻近行业工资之间的互动及其可能的机制进行了研究，发现随着国有企业改革的推进和劳动力流动的加强，虽然工业行业工资的决定因素及其作用均有变化，但邻近行业之间的工资互动现象始终存在。

在城市和产业方面的研究中，Van Oort（2007）在研究荷兰集聚经济在不同空间范围的作用和在城市产业内部以及产业之间的作用时，发现使用空间滞后模型的分析结果更加可靠。孟海（2011）应用证实性空间数据分析（CSDA）对空间相关性的进一步识别确认了环首都县域城乡一体化发展的空间相关性与不同县域治理主体所处的空间位置有显著关联，但是与中心城市邻接并没有给周边县域带来城乡一体化发展的优势。吴继英和赵喜仓（2009）应用相对静态的空间偏离-份额分析方法，对江苏省三次产业进行了实证分析。李丽萍和左相国（2010）简要介绍了动态的空间偏离-份额分析方法并对湖北省产业竞争力进行了实证分析。

（4）空间计量经济学在环境和农业方面的研究。Anselin 详细讨论了空间计量经济学模型在环境和资源利用方面的应用问题，为后续的研究奠定了基础。Rupasingha 等（2004）在分析经济增长与环境污染的环境库兹涅茨曲线（environmental Kuznets curve，EKC）时，发现空间效应对于研究环境污染非常重要。Maddison（2006）在基于空间滞后模型（SLM）检验跨国 EKC 模型时，发现人均二氧化硫和氮氧化物的排放量将严重影响周边国家的人均排放量，并指出忽略空间滞后变量会使 EKC 的估计结果产生偏颇。李刚（2007）分别使用空间残差自回归模型和空间固定效应模型，分析了我国 EKC 的倒 U 形特征问题，结果表明我国地区间的工业污染排放具有较强的正向空间相关关系,在进一步使用 SEM 模型进行检验后发现,工业废水排放量满足 EKC 假设,与普通最小二乘估计法相比,SEM 的拟合效果和自变量的显著性都有所提高。

在农业方面,农民不仅在种植上会由于地理上的接近和气候的类似存在着显著的空间相关性,在对土地不同用途的选择上也会考虑到空间依赖性的影响;而且对农田租赁率的研究也可以进行空间计量分析。Niggol(2010)基于横截面模型分析了发展中国家巴西和印度的农业气候敏感性,用两个国家的面板数据分析了农业净收入如何随气候的变化而变化。高鸣等(2014)使用 DEA-Moran *I* 和 Theil Index 模型,依据 1978~2012 年 31 个省份的面板数据测量了中国各省区粮食生产技术效率值,分析了粮食生产技术效率的空间自相关情况,测度了中国粮食生产功能区之间的技术效率差异。吴玉鸣(2010)从农业生产的角度证明了省际空间关联性和异质性非常明显,通过分析中国 31 个省域的农业产出,发现不管是在整体上还是在局部区域都表现出了显著的空间自相关性。

未来空间计量经济学的发展有着广阔的前景,不过还有一些问题需要解决。首先要进一步地理解空间和空间-时间因素是如何内生于模型之中,以及它们背后相互作用的复杂机理。比如在空间异质性模型中,虽然实证研究证明了异质性的存在,但是未对它进行充分的理论解释。其次,随着信息科学的发展和统计手段的改进,如何有效处理源源不断生成的海量精细化数据是个亟待解决的问题,特别是在越来越大的数据集合中对各种影响因素的界定和处理是个难题。最后是关于在不断膨胀的数据集合中处理复杂的空间-时间相互关系所需的算法有待发展,将来需要开发新的运算法则并有效利用不断变化的计算机技术,比如分布式计算和云计算等技术,才能面对这个挑战。

1.3 研究内容与创新

1.3.1 研究内容

本书采用管理学与水利科学、经济学、系统科学和管理科学等多学科理论交叉集成的研究途径,基于水资源科学管理与制度建设的需求分析,在对用水结构进行国内外研究进展与发展趋势分析的前提下,分析归纳总结区域用水结构演变与调控现有理论方法。在此基础上,针对区域产业用水结构、三生用水(生活、生产和生态用水)结构以及区域用水结构与经济发展的空间关联展开研究。主要的研究内容有以下几方面:

(1)编制考虑用水的江苏省可比价投入产出序列表。投入产出分析是解析国民经济部门之间相互依存关系的定量方法，经过几十年的发展在水资源领域运用广泛，特别是通过与其他方法相结合，可以很好地剖析国民经济部门的用水特性、用水结构的演变。因此，从科学分析水资源经济价值的角度出发，将传统的投入产出表改进拓展，结合投入产出分析和其他方法进行特定问题的研究具有一定的科学价值。以2005年为价格基准年，将现有的江苏省当年价投入产出表（1997年、2000年、2002年、2005年、2007年和2010年）编制成可比价的投入产出序列表。并在此基础上，基于宏观经济学的相关理论，以当年部门"实际用水量"作为一个独立的生产部门，编制了考虑各个经济部门用水量的投入产出表。

（2）解析江苏省现状用水特征。从用水量、用水结构、用水特性、用水偏差系数方面剖析江苏省用水的现状特征。用水量和用水结构的分析基于对资源的分析；而用水特性的分析则是对"水资源-经济"结合扩展型投入产出表的分析。用水特性分析包括用水效率分析和用水效益分析，结合水资源投入产出模型和江苏省扩展型投入产出表，从用水特性的角度分析产业用水的用水效率现状和用水效益现状。同时，根据综合评价指标体系，将21个国民经济部门的用水程度、潜在用水程度、用水效益、潜在用水效益进行分类，能更直观地看出各个国民经济部门的使用水资源量的大小及其用水所带来的经济效益。用水偏差系数从江苏省三产产值及其结构比例变化与用水结构的分析，研究用水结构和产值结构的偏离程度，全面反映产值视角下用水结构的合理性。

（3）构建投入产出结构分解模型，识别驱动产业用水变动的影响因素。为了使水资源管理的研究视角向需水管理转变，需要更多关于用水结构机制的基础性研究，对用水结构演变驱动因素与其驱动量的定量研究显得至关重要（张强等，2011）。本书通过对六个历史时间节点的扩展型投入产出序列表数据的结构分解，从生产和消费两个层面考察江苏省1997~2000年、2000~2002年、2002~2005年、2005~2007年、2007~2010年五个时段产业用水变动的贡献；从"产业整体—三大产业—国民经济各部门"三个层次入手，逐层深入分析产业用水变动的影响因素；最后应用模糊聚类，将各国民经济部门的影响因素进行分异分析，识别了驱动产业用水变动的因素。

（4）构建用水结构动态投入产出调控模型。为寻求满足经济发展和水资源约束的产业用水结构，以2010年江苏省的扩展型投入产出表为基础，运用动态投入产出分析，对2020年的产业结构和用水结构进行预测，然后建立一个多目标优化模型对江苏省2011~2020年的产业和用水进行分析优化，更为直观地分析出江苏省经济发展和产业用水之间的关系。

（5）为了全面分析区域用水结构和供需水变化，在分析水资源与经济、人口、环境子系统之间的主要因果关系和反馈回路的基础上，了解系统各要素间的相互影响和作用关系，明确模型参数和方程设置，通过系统分析和结构模拟，运用系统动力学方法，构建了江苏省水资源复合利用系统模型。通过灵敏度分析将对江苏省水资源复合利用系统影响程度较大的区域GDP增长率作为关键调控变量，据此设置了经济高速发展方案、经济中速发展方案、经济低速发展方案和现状发展经济方案四种方案，通过对各方案下江苏省区域GDP总量、总用水量、水资源供需平衡比等情况进行模拟，分析江苏省未来用水结构变化情况，进而选择最优方案。

（6）根据江苏省2010年水资源投入产出表，运用投入产出分析技术，对江苏省以各部门用水特性和经济效益特性为主要内容的产业部门综合效用进行定量分析和测度，识别对江苏省经济社会发展影响较大的关键产业部门，据此分析在优选方案下重点部门的发展情况，讨论江苏省的未来产业结构的调整趋势，以期为江苏省用水结构和产业结构调整提供决策依据。

（7）运用区域经济学中的区位熵原理，定量测度了江苏省农业用水、工业用水和生活用水区位熵，构造了用水结构综合区位熵。运用空间计量经济学研究方法，系统分析江苏省用水结构的区域分布特征及分布格局。通过建立空间杜宾模型（SDM）、空间误差模型（SEM）、空间交叉模型（SAC）、空间滞后模型（SAR），分析四种模型在邻接权重矩阵、地理距离权重矩阵、嵌套空间权重矩阵下的适用性，进一步探讨了用水结构差异的空间效应及其作用机制。

（8）针对上述研究结果，提出切实可行的用水结构调控对策建议，为江苏省节水型可持续发展国民经济体系的建立提供决策支持，同时也为辨别和制定江苏省用水管理政策和水环境管理政策提供科学的决策依据，为完善江苏省落实最严格水资源管理制度提供数据基础与实施依据。

1.3.2 研究创新点

（1）在研究视角方面，以实现最严格水资源管理制度的"用水总量控制"红线为现实需求，从需水管理的视角出发，找出用水变动的驱动因子，通过调结构，在保障经济发展不受影响的前提下，实现水资源供需协调发展。

（2）在研究方法方面，在编制了考虑用水水平的江苏省21部门可比价投入产出序列表的数据基础上，综合运用投入产出分析、结构分解法、系统动力学、空间计量经济学等多种理论和方法研究区域用水结构的演变规律及驱动因素、用水结构与产业结构的关联、用水结构的空间分布特征规律及与经济发展的关系。

（3）在研究内容方面，研究了不同层次的区域用水结构。基于投入产出分析研究了国民经济不同产业部门的用水结构（生产用水结构）特性、变动的驱动因子、演变规律与优化。基于系统动力学方法研究了生产、生活和生态用水结构的演变规律及与经济的协调发展情况。基于空间计量经济学研究了农业、工业和生活用水结构的空间分布规律、用水结构差异的空间效应及经济因素的作用机制。

技术路线如图 1-3 所示。

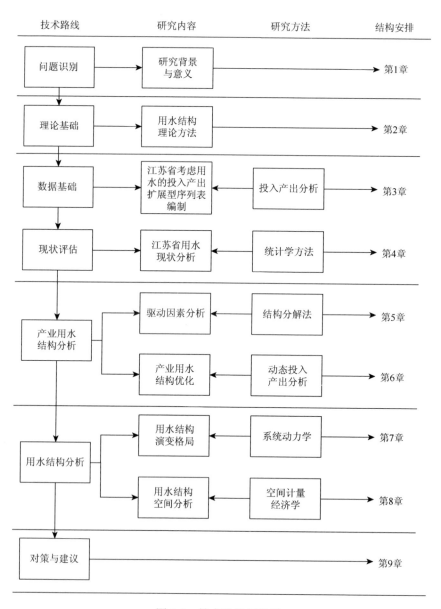

图 1-3　技术路线框架图

1.4 研究区概况

1.4.1 江苏省简介

江苏省简称苏，位于我国大陆东部沿海中心，地处长江三角洲，介于东经 116°18′~121°57′，北纬 30°45′~35°20′，南邻上海、浙江，北毗山东，西接安徽，东临黄海，自然条件优越，经济基础较好。总面积 10.26 万 km^2，占全国总面积的 1.1%，包括南京市、无锡市、苏州市、常州市、镇江市、南通市、扬州市、泰州市、淮安市、盐城市、宿迁市、徐州市和连云港市 13 个地级市（图 1-4），106 个县级行政单位。2010 年，全省 GDP 总量 41 425.48 亿元，20 个县（市）为全国百强县，经济地位在全国举足轻重。

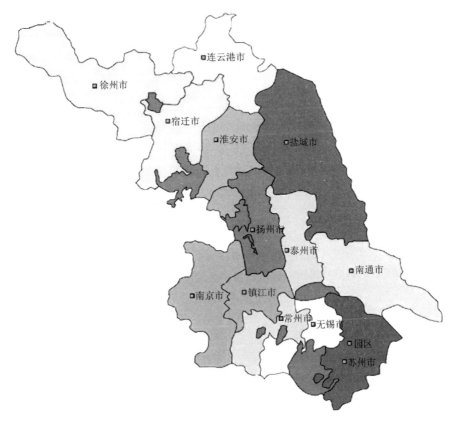

图 1-4 江苏省 13 个地级市分布图

1.4.2 水资源与水环境概况

2010年,江苏省水资源总量为383.5亿 m^3,占全国水资源总量的1.24%,全省人均水资源量为489.2m^3/人,低于国际公认的500m^3/人的"极度缺水标准",而当年全国人均水资源量达2310.4m^3/人,江苏省是我国水资源匮乏的省份之一。

随着江苏省社会经济的持续高速发展及其人口数量的剧增,生产、生活和生态部门对水资源的需求量逐年递增,生产用水量从2003年389.5亿 m^3 增加至2010年515亿 m^3,生活用水量从2003年29.4亿 m^3 增加至34亿 m^3,生态用水量从2003年2.6亿 m^3 增加至2010年3.2亿 m^3。水资源的供给量是否能够满足需求量是亟待研究解决的关键问题,而目前的水资源管理体制存在严重弊端,势必造成水资源供需矛盾日益突出。

江苏省城市化、工业化的快速发展,导致废污水产生量和污染物入河量不断增加,水污染问题不断加剧,水环境质量日益恶化。2003~2010年全省废水排放总量急剧增加,从2003年42.1亿t增加至2010年62.6亿t。2010年全省废水排放量占全国废水排放量的11.1%。以江苏省政府批复的《江苏省地表水(环境)功能区划》2010年水质目标为参照标准,省内重点功能区的水质达标率在2005~2007年普遍偏低,分别为28.4%、30.3%和25.6%,但随着省政府对水环境的高度重视,从2008年起水质达标率从32.7%升高至2010年53.6%,水环境质量有所改善。

1.4.3 社会经济概况

2010年末江苏省总人口数达到7869.34万,比上年增加144.84万,增长1.84%。多年来,江苏一直是全国人口密度最高的省份之一。改革开放以来,江苏经济社会发展取得了显著成就,1992年起全省GDP连续18年保持两位数增长。2010年,地区生产总值实现41 425.5亿元,"十一五"期间年均增长13.5%;人均地区生产总值从"十五"末的3046美元提高到7700美元。江苏是经济大省,也是农业大省。粮食持续增产,2010年全省粮食产量达到647亿斤,实现新中国成立以来首次"七连增",总产由2005年全国第五位上升到第四位,粮食单产由全国第五位上升到第二位。2010年农村人均纯收入9118元,自1997年以来首次超过城镇居民人均可支配收入增幅。农村人均纯收入五年年均增长11.6%,提前一年达到省定全面小康指标值。2010年,规模以上工业增加值21 224亿元,比"十五"末增长1.2倍。高新技术产业产值占规模以上工业比重由24%提高到33%。服务业增加值占地区生产总值比重超过40%,比"十五"末提高5.1个百分点(表1-1)。

表 1-1 江苏省社会经济主要指标

年份	人口	经济总量指标				人民生活			
	年底总人口/万人	地区生产总值/亿元	第一产业/亿元	第二产业/亿元	第三产业/亿元	职工平均工资/(元/年)	人均GDP/元	城市人均可支配收入/元	农村人均纯收入/元
2002	7381	10 631.8	1054.6	5604.5	3972.6	13 509	14 391	8178	3996
2003	7405.8	12 461.8	1106.4	6787.1	4567.4	15 712	16 809	9262	4239
2004	7432.5	15 512.4	1315.4	8770.3	5426.7	18 202	20 852	10 482	4754
2005	7474.5	18 598.7	1461.5	10 525	6612.2	20 957	24 560	12 319	5276
2006	7549.5	21 742.1	1545	12 250.9	7849.2	23 782	28 814	14 084	5813
2007	7624.5	26 018.5	1816.2	14 306.4	9618.5	27 374	33 928	16 378	6561
2008	7676.5	30 982	2100.1	16 993.3	11 888.5	31 667	40 499	18 680	7357
2009	7724.5	34 457.3	2261.9	18 566.4	13 629.1	35 890	44 744	20 552	8004
2010	7869.3	41 425.5	2540.1	17 131.5	17 131.5	40 505	52 840	22 944	9118

在这种背景下，实施最严格水资源管理制度是解决水资源短缺、水灾害威胁、水生态恶化三大问题的根本措施、中心环节和当务之急，是保证水资源可持续利用的重大机遇。为紧密结合江苏实际，加快水利改革发展、推进水利现代化建设，江苏省政府于 2011 年 1 月出台了江苏省委 1 号文件《关于加快水利改革发展推进水利现代化建设的意见》；2012 年 3 月 15 日，又发布了《省政府关于实行最严格水资源管理制度的实施意见》，这是继 2011 年省委 1 号文件后省政府做出的具体部署，是指导当前和今后一个时期全省水资源工作的纲领性文件，对有效解决全省的水资源和水环境问题，保障经济社会可持续发展具有重要意义和深远影响（季红飞，2012）。

从上述可以看出，江苏省有着实行最严格水资源管理制度，特别是落实用水总量控制制度的自觉行为和迫切需求。此外，无论是从地理位置、经济地位，还是水资源禀赋和区域经济发展需求等方面来看，选择江苏省作为研究对象，都具有较强的代表性和典型性。

第 2 章　研究的理论方法基础

区域用水结构与调控分析中主要运用了投入产出分析、结构分解方法、系统动力学和空间计量经济学理论和方法，下面对以上内容进行梳理和总结，为后面的具体应用提供理论和方法的铺垫和指导。

2.1　投入产出分析

2.1.1　投入产出分析产生与发展

投入产出分析作为一种研究国民经济各部门之间数量依存关系的计量方法，其基本思路是将社会生产的投入与产出放在一起进行分析。其中的投入是指社会生产过程中对于各种生产要素的消耗和使用，分中间投入和最初投入。其中的产出是指社会生产的成果被分配使用的去向，分中间产出和最终产出。投入产出分析是一种现代的经济数量分析方法，它运用了现代数学方法中高等代数和现代运算工具——电子计算机，所以即便是庞大的经济系统都能够进行描述和分析。投入产出分析也是将数学方法与经济理论结合得最为紧密的分析方法，一般是先根据经济理论提出模型框架，再根据设计的模型调查或采集数据，以编制投入产出表，然后利用投入产出表的数据建立投入产出模型并进行分析。其投入产出模型的每一个字母都代表着特指的一项指标，每一个数学方程均表现一种经济数量关系，每一项数学推导式都反映了经济关系的变换。它既不是一种空洞的经济理论，更不是一种单纯的数学方法，而是两者的紧密结合，可以说，投入产出模型是实现两者成功结合的典范（廖明球，2009）。

（1）投入产出分析的产生。1936 年 8 月，列昂惕夫发表了著名论文《美国经济体系中投入产出的数量关系》，被公认为投入产出分析产生的标志。投入产出分析的产生有其深刻的历史背景，一般而言其思想渊源分为两部分：一是由魁奈经济表→马克思再生产理论、苏联的计划平衡思想→投入产出分析；二是由瓦尔拉斯一般均衡理论→凯恩斯主义理论→投入产出分析。

（2）投入产出分析的发展。在 20 世纪四五十年代，投入产出分析首先在美国等经济较发达的西方国家传播与应用；并于 60 年代初传入中国。经历半个多世纪，投入产出分析在中国的推广已具有明显的中国特色，主要发展表现在以下七个方面：①全国模型或地区模型向部门模型和企业模型发展；②部门间模型向地区间、国家间模型发展；③静态模型向动态模型发展；④流量模型向存量模型发展；⑤经济模型向资源、环境模型发展；⑥硬投入模型向软投入模型发展；⑦一般模型向扩展模型发展。目前投入产出分析主要有以下四个方面的应用：①经济结构分析；②宏观经济效益分析；③政策模拟；④经济预测与计划论证。

2.1.2 投入产出表

投入产出分析离不开投入产出表的编制。投入产出表分为投入产出实物表和价值表。实物表反映实物产品之间的数量关系，即主要产品的生产技术联系；价值表采用货币计量单位并运用价值量指标进行编制，反映的是全部产品的技术经济联系。由于实物表受编制投入产出表规模的限制，投入产出表的编制一般以价值型表为主。传统价值型投入产出表如表2-1所示。

价值表把整个国民经济视为一个经济系统并将该系统作为描述对象，其中，各经济部门是该系统的诸要素。对此，采用棋盘表式表现各经济部门间的投入与产出关系。表的主栏是投入栏，包括中间投入和最初投入，反映产品价值形成过程。表的宾栏是产出栏，包括中间产品和最终产品，反映经济部门的产品分配使用去向。主宾栏均包括两个主要栏目，它们交叉生成了表的四个象限，各象限的经济含义如下：

第Ⅰ象限是中间投入象限，该象限的数据形成一个由n个经济部门组成的n阶矩阵。各个元素用x_{ij}表示。从行向看，x_{ij}表示i产品用于j部门作为中间使用的数量；从列向看，x_{ij}表示j部门在生产中对i产品的消耗量。该部门完整反映了经济部门之间投入与产出的数量关系，是表的核心组成部分。

第Ⅱ象限是第Ⅰ象限在水平方向的延伸，对应的主栏与第Ⅰ象限相同，宾栏是最终产品，反映了各经济部门的产品分别有多少数量可供最终消费、投资、出口。行向反映国内生产总值经过分配和再分配后形成的最终使用情况，列向反映消费、投资、出口的产品构成。

第Ⅲ象限是第Ⅰ象限在纵方向的延伸，对应的宾栏与第Ⅰ象限相同，主栏为最初投入，是增加值构成项目，该象限主要反映国内生产总值的初次分配。列向是各部门的增加值构成，行向是增加值项目的部门构成。

第Ⅳ象限尚处于理论探索阶段，反映国内生产总值的再分配，一般在表中都空着。

表 2-1　传统价值型投入产出表　　　　　　　　（单位：万元）

投入\产出		中间使用				最终使用			进口	总产出
		行业1	行业2	…	行业n	合计	最终消费	资本形成	出口		
中间投入	行业1	x_{ij} I					Y_i II				X_i
	行业2										
	…										
	行业n										
	中间投入合计										
增加值	劳动者报酬	N_{ij} III					IV				
	生产税净额										
	固定资产折旧										
	营业盈余										
	合计										
总投入		X_j									

2.1.3　投入产出模型

投入产出分析只有在利用投入产出表的数据建立投入产出模型的基础上才能进行相关的数量经济分析。在投入产出模型中所构建的模型主要有行平衡模型、列平衡模型和总量平衡模型。

（1）行平衡模型

行的平衡关系式为

中间使用＋最终使用＝总产出

其数学表达式为

$$\sum_{j=1}^{n} x_{ij} + Y_i = X_i, \quad i=1,2,\cdots,n \tag{2-1}$$

式中，x_{ij} 表示 i 部门产品提供给 j 部门作为生产消耗的数量；Y_i 表示 i 部门产品的最终使用数量；X_i 表示 i 部门的总产出数量。

在此引入直接消耗系数，通常用 a_{ij} 来表示。直接消耗系数的经济含义是 j 部门生产单位总产品对 i 部门产品的消耗数量。其计算表达式为

$$a_{ij} = \frac{x_{ij}}{X_j} \tag{2-2}$$

则公式（2-1）可用矩阵表示为

$$AX + Y = X \tag{2-3}$$

最终得到列昂惕夫矩阵表达式：

$$X = (I - A)^{-1}Y \tag{2-4}$$

式中，A 为直接消耗系数矩阵；I 为与 A 同阶的单位矩阵；Y 为最终使用列向量；X 为总产出列向量；$(I - A)^{-1}$ 称为投入产出逆矩阵，也称为列昂惕夫逆矩阵。

（2）列平衡模型

列的平衡关系表达式为

$$中间投入 + 最初投入 = 总投入$$

其数学表达式为

$$\sum_{j=1}^{n} x_{ij} + N_j = X_j, \ j = 1, 2, \cdots, n \tag{2-5}$$

式中，N_j 表示 j 部门的最初投入；X_j 表示 j 部门的总投入。

（3）总量平衡模型

总量的平衡关系表达式为

$$总投入 = 总产出$$

其数学表达式为

$$\sum_{j=1}^{n} X_j = \sum_{i=1}^{n} X_i \tag{2-6}$$

除此之外还有

$$中间投入合计 = 中间产出合计$$
$$某一部门的总投入 = 某一部门的总产出$$

2.2 系统动力学

2.2.1 系统动力学产生与发展

系统动力学是系统科学理论与计算机仿真紧密结合、研究系统反馈结构与行为的一门科学，是系统科学与管理科学的一个重要分支（钟永光等，2009）。与过去常用的功能模拟法不同，系统动力学模型以从结构到功能模拟为其突出特点，以分析系统内置的核心要素为首要步骤，运用计算机仿真技术将系统间动态反馈作为输入，以要解决的核心问题作为输出，搭建系统的基本结构，能定性与定量地分析研究系统。这样的模拟更适于研究复杂系统随时变化的问题。

（1）系统动力学的产生与发展。20 世纪中后期，随着科技及环境的变化，研究充满复杂性的动态系统并理解复杂系统的结构及其运作方式，成为研究热点。在理解复杂系统的结构特征和行为特性上，系统动力学具有先天优势——它以科学严谨的计算机建模方式，能全程仿真模拟政策的制定过程。初期系统动力学主要用于企业管理，处理诸如生产与雇员情况的波动、市场股票增长的不稳定性等问题。20 世纪 50 年代，Forrester 在《哈佛商业评论》上发表了奠基之作（Forrester，1958），1961 年出版的《工业动力学》（Forrester，1961）是系统动力学理论与方法的经典论著，此学科早期的称呼——"工业动力学"因此而得名（钟永光，2010）。20 世纪 70 年代，Forrester 的系统原理和"工业动力学"的研究方法得到普遍的应用，因此"工业动力学"很快就改成了"系统动力学"这一更广泛的名称。进入 20 世纪 90 年代后，随着微软推出的 Windows 操作系统的广泛流行，系统动力学的操作与模拟软件发生了很大的变化，从原来的源代码编写语言发展到视图形状化应用软件，如 STELLA/iThink、Vensim、Powersim、Anylogic 等，其中，Vensim 软件作为美国 Ventana 公司的主打产品，从一面世就受到系统动力学研究者与操作者的欢迎。

（2）系统动力学的应用研究领域。目前国内外与系统动力学相关的研究应用涉及社会经济、工程、医学、心理学和管理学等领域。系统动力学还在全世界范围内的跨国公司、政府研究机构、行业重装和细分中有很大影响力，并在 20 世纪 70 年代成为西方管理教学学派的一个重要分支。此外系统动力学还在学科细分中，与研究协同系统从无序到有序演化规律的协同学、兼具质性思考与量化分析的混沌理论、研究分岔现象的特性和产生机理的分岔理论、研究事故致因的轨迹交叉理论和认识和预测复杂系统行为的突变理论产生强烈的化学反应，在各个研究领域取得重大进展。

2.2.2 系统动力学模型

系统动力学模型是研究者在系统分析视角下根据研究需要对实际系统的抽象和归纳，这种抽象和归纳理论上需要反映出理论模型与现实系统之间的映射关系。模型的规范与否，取决于模型是否能对所需研究的系统行为进行复刻，使模型既能在宏观上与现实系统保持结构上的相似，也能在微观上把握关键要素、剔除非关键要素、节约建模成本。系统动力学模型是系统分析发展的产物，其诞生为研究现实中完整而庞大的系统，分析解决关键问题的各项要素，减少对收集的数据和信息进行控制和调整中的潜在风险提供了可能。在系统动力学中，一个好的模型需要满足三个条件：立足客观存在的实用性，输入输出数值的可靠性，与研究目标的高度一致性。在建模过程中要确保模型的结构和方程能与现实系统有充分的吻合度，模型输入的参数具有可得性且与实际的规范数据相符合，模型输出的结果具有现实意义且与历史统计数据相匹配。

系统动力学模型由变量、参数和函数关系三项要素构成，三者共同作用，建构出一个完整的仿真模型。一般变量分为三种：作为系统输入且具有可控制性的外生变量，在系统输入运行后作为系统输出端的内生变量和作为系统内部要素在某一时段取值的状态变量。系统的环境设计主要由参数完成，而系统内各个要素之间的关系则用函数表示。与其他数理模型不同，系统动力学能很好地处理多个分类变量的动态变化过程，在涉及社会经济等复杂系统时，是比较理想的动态模拟仿真模型。

系统动力学模型包括流程图和方程式。流程图中常见的符号（钟永光等，2009）：

（1）水平变量（level variable），又可称为状态变量，作用是表示系统的状态，它是一个时间积累量，因此，可以观察到水平变量的瞬间取值，能够改变水平变量值的是速率变量。

在存量流量图中，矩形符号表示状态变量，如图 2-1 所示，在矩形内即是变量名如"库存量"、"人口量"等。箭头所指向的一边表示状态变量的输入，而向外的箭头表示状态变量的输出。

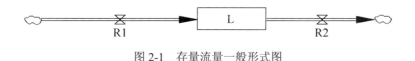

图 2-1　存量流量一般形式图

（2）速率变量（rate variable），又可称为决策变量，是对水平变量随时间变化的描述，在系统动力学模拟区间上使用平均速率代替瞬势率。输入流、变量名称以及方程代码一起构成了速率变量。在系统动力学存量流量图中，速率变量的描述符号为。

（3）辅助变量（auxiliary variable），是速率变量和水平变量的桥梁。当速率的表达式比较烦琐时，部分速率就用辅助变量来描述，以简化速率的表达式，圆圈"○"，是辅助变量的符号。圈中应注明变量名字和它的意义。

（4）常量（constant），在所模拟时间内变化不大的系统参数，都视为常量，一般为系统中的局部目标或标准。能够直接将常量传递给速率变量，也能通过辅助变量过渡给速率变量。在图所示的库存系统中，"库存调节时间"和"期望库存"均为常量。

使用流程图符号来描述系统动力学各变量关系，因为流图结构强调积累的过程，和液体流动极其相似，这样的图称为流程图。

系统的动态行为以定量分析为主，这些定量分析的表达式便叫作结构方程式，DYNAMO（DYNAMIC MODEL，动力学模型编写）是它的专用编写方程式的语言，编出的也就是 DYNAMO 方程。DYNAMO 语言是系统动力学的计算机语言，它的基础是 SIMPLE 仿真语言。面向方程使用容易是 DYNAMO 最突出的特点。它有简单的程序，无需顾及它的执行顺序，而且结果也便于比较。DYNAMO 方程建立的第一步是确定系统的对象，然后找出系统的有关变量，最后对这些变量进行关联性分析；第二步是构建函数方程式；第三步建立流图；第四步也就是进行模拟阶段。DYNAMO 对象系统的变化是不间断的，状态变量也是如此。

方程种类主要有：

（1）水平方程（L）：即状态变量堆积量，某一时间的变量值是上一时间点的水平变量值加上模拟时间间隔内入流与出流差值的累积。

（2）速率方程（R）：展示了速率对存量的影响。

（3）辅助方程（A）：在速率依存于状态变量的关系极其复杂时，用辅助方程来表示部分速率方程。

（4）常量方程（C）：就是模型中有些固定不变量，给予它一定的值。

（5）表方程（T）：表示变量在各个时间点的已知数值。

（6）起始值方程（N）：也就是状态变量原始值，模拟起点开始的值。

2.2.3 系统动力学建模软件

起初的系统动力学软件是在 20 世纪 50 年代产生的，由一个特殊的编程语言来表达模型的结构，直到 80 年代后期逐步发展为可视化的界面模式，常用的系统动力学软件如：DYNAMO、STELLA/iThink、Vensim、Powersim、Anylogic。

DYNAMIC MODEL 是专门用于系统动力学的计算机仿真语言，能够建立真实的模型系统，对系统进行结构与动态模拟。随着计算机和系统动力学的不断发展，陆续产生了不同的仿真语言，供不同的计算机使用。

系统动力学的软件大致包括以上几种，本书使用的是 Vensim 软件，系统动力学经过半个世纪的发展和使用，从最初的商业使用到现在的科技和教育使用。Vensim 软件的特点是能够进行人工编辑，能够进行政策模拟。

Vensim 的操作程序简易而有弹性，它能建立因果回路图和流程图。运用 Vensim 构建动态模型步骤很简单，把各变量用箭头连接起来，然后编辑各个变量的方程式，最后把所需参数的确定值输入即可。在建立模型的过程中，要明白变量间的因果反馈关系，明确模型架构，便于日后模型建立者对模型的内容进行适当的调整。

Vensim 建模软件的优点很明显,操作起来简单,且整个过程都比较明晰。它是系统动力学的代表软件,比一般的软件更先进、更透明,模拟仿真功能尤其强大,也是它的应用研究日益受到关注的原因。

2.2.4 模型边界的确定

模型的边界也就是模型要研究的具体范围,一般来说,模型系统比较大且复杂,全范围内进行研究工作量大而且相当困难。所以,往往对于现实的系统来说,首先要界定它的研究边界,把和研究对象相关性大的变量纳入到模型边界内,而相关性小或者不相干的因素舍弃,从而确定了模型边界。避免只关注变量间复杂的因果关系而忽略研究重点。

人的思维和认识是有局限的,做不到全面分析模型涉及的所有方面。所以,建立模型时,要清楚且明确界定模型的有限边界,化无限为有限,从泛泛到具体。重点考虑研究对象的核心问题,懂得舍弃一些次要且影响不大的因素,做到顾全大局。

确定模型边界的一般原则:首先确定相关的状态变量,然后确定所选的状态变量对模型的影响程度。最后按照影响程度的大小来筛选变量,起作用大的要纳入模型边界内,反之,就舍弃。这种分析过程一直重复到不必再追究其自变量,或者是其自变量可以忽略,这样就达到了系统的边界(钟永光等,2009)。

完成上述过程后,需要确定各个水平变量之间的关联性,淘汰出一些无关紧要的水平变量。另外,有些变量之间并无因果关系,也构不成合理的函数关系,需要将其删除。经过反复地不断调整和修改,最终确定了比较科学合理的模型边界。

2.3 因素分解分析

因素分解模型是一种分析资源或能源利用(或消费)变动机理的有效工具,包含多种分解比较方法,以此来解释影响变量发展的根本性决定因素(Hoekstra, 2003)。其基本思想是通过将某一系统(经济系统、资源系统等)中某因变量的变动分解为与之相关的各独立自变量变动之和,以测度其中各个自变量变动对因变量变动贡献的大小。常见的因素分解模型主要有两种:指数分解模型(IDA)和结构分解模型(SDA)。IDA 利用部门水平的总和数据,更易进行时间序列和跨国比较(梁进社等,2007)。SDA 的起源可追溯到投入产出分析创始人在 20 世纪四五十年代的工作(Leontief,1941,1953)。基于投入产出的结构分解模型是在 IO 表中利用主要参数的静态可比变化来分析经济的变化趋势（Rose et al.，1991；Casler et al.，1996）。SDA 利用投入产出表，以消耗系数矩阵为基础，对各影响因素，如产业部门最终需求、国际贸易等进行较为细致的分析，是一种重要的量化分析一定时期经济结构变化影响因素的工具。相较于指数分解法仅仅应用部门合计数据信息仅能反映直接效应，结构分解法应用投入产出表，除了能反映各种直接影响效应外，还能够反映间接影响效应（Hoekstra et al.，2003）。

基于投入产出的结构分解模型的基本原理如下：

已知投入产出基本模型为 $X = LY$，对于不同的时期则有

$$X_0 = L_0 Y_0, \quad X_1 = L_1 Y_1 \tag{2-7}$$

式中，下标 0、1 分别表示基准期和计算期。则两个时期总产出的变动可以表示为

$$\Delta X = X_1 - X_0 = L_1 Y_1 - L_0 Y_0 = L_1(Y_0 + \Delta Y) - (L_1 - \Delta L)Y_0 = (\Delta L)Y_0 + L_1(\Delta Y)$$
$$= (L_0 + \Delta L)Y_1 - L_0(Y_1 - \Delta Y) = (\Delta L)Y_1 + L_0(\Delta Y) \tag{2-8}$$

针对分解模型具有不唯一性，通常有四种处理形式：①保留交叉项，但由于交叉项难以解释，不能具体说明某个自变量对因变量的影响；②不保留交叉项，以不同权重方式考虑各自变量，但存在权重不匹配问题，适用范围很小；③算术平均所有分解形式，其计算量非常大；④两极分解法或中点权分解法，是方法③的近似解，直观简便，应用较广。

2.4 空间计量经济分析

2.4.1 空间计量经济学的定义

作为计量经济学的分支之一，空间计量经济学（spatial econometrics）是一门处理横截面或面板数据回归模型中的空间相互作用和空间结构问题的学科。空间计量经济学这一概念是由 Paelinck 在 1974 年提出的，并在其与 Klaassen 合著的 *Spatial Econometrics*（1979 年）中指出空间计量经济学是用来处理多区域模型中空间关系的一种方法。但是 Paelinck 并没有给空间计量经济学下定义，而是给出了建立空间计量经济学模型的五个指导原则。

在空间计量经济理论的发展和系统框架的形成中，Anselin 做出了重要的贡献。他在 1988 年完成的经典空间计量著作《空间计量经济学：方法和模型》中对空间计量经济学作了系统的研究，其中将空间计量经济学定义为："在区域科学模型的统计分析中，研究由空间引起的各种特性的一系列方法。"随着空间经济蓬勃发展以及新兴数据库对计量经济模型应用的上升需求，空间计量经济得到快速

发展。Anselin（2010）从方法论和应用的角度来定义空间计量经济学，空间计量经济学被定义为："计量经济学的一个分支，主要研究横截面和时空数据中的空间效应；与地理位置、距离和拓扑相关的变量在模型设定、估计、诊断检验和预测中被明确的区别对待。"

2.4.2 空间效应及其度量

Anselin（2010）指出空间效应目前有两种主要的表现形式：一种是空间相依性，空间相依性可以看做是截面相依的一种特殊形式，相关结构是由某一种特定的地理位置顺序来决定的；另一种是空间异质性，它是可观测和不可观测异质性的一种特殊情形，类似于传统计量经济学中的定义。

1）空间相关性

在区域科学的应用中，由于测量误差以及各单位的经济和文化的相互作用而产生的空间交互影响，空间数据一般存在空间相关性。空间相关是指 i 地区的观测值和 j 地区的观测值具有相关关系（其中 $i \neq j$），呈现某种非随机的空间模式，用函数可以表示为

$$Y_i = f(y_j), \quad i = j = 1, \cdots, n, i \neq j \tag{2-9}$$

空间相关性并不意味着否定空间各单位的独立性，并且空间相关性的强度和模式由绝对位置和相对位置决定。由于空间数据具有两维多方向性问题，因此不能直接套用传统分析方法。Moran（1950）首次引出空间自相关测度以研究二维或更高维空间随机分布的现象。到目前关于空间相关性的度量和检验方法主要有三类，即全域空间自相关检验，主要有 Moran I、Geary C、Global G 和区域自相关检验，主要有 LISA、G 统计、Moran 散点图以及 CSDD（cross-sectional dependence）检验。这里主要介绍下 Moran I 指数和 Moran 散点图。

Moran I 指数：

$$I = \frac{\sum_{i=1}^{n}\sum_{j=1}^{n} w_{ij}(Y_i - \overline{Y})(Y_j - \overline{Y})}{\sum_{i=1}^{n}(Y_i - \overline{Y})^2} \tag{2-10}$$

在无空间相关性的零假设下，利用 Moran I 指数构建的标准正态统计量为

$$Z = \frac{I - E(I)}{\sqrt{\text{Var}(I)}} \tag{2-11}$$

式中，n 为区域数目；Y_i 是在区域 i 的观测值；Y_j 是在区域 j 的观测值；$\overline{Y}$ 是观测区域的平均值；W_{ij} 为二进制的空间邻接矩阵；$E(I)$ 和 $\text{Var}(I)$ 分别为 I 值的均值和标准差。Z 值介于–1 到 1 之间，当 Z 显著且为正时，表明存在正的空间自相关；当

Z 显著且为负时,存在负的空间自相关;当 Z 为零时,则说明观测值呈随机分布。

Moran 散点图:

Moran 散点图将每个地区以其观察值的离差为横坐标,以其空间滞后值为纵坐标表示于坐标系中。四个不同的象限分别对应了四种不同的局部空间联系:位于第一象限的地区本身具有较大的观察值,且附近的地区也具有较大的观察值,此类地区被称为 High-High(HH)型地区;位于第二象限的地区本身的观察值较小,但其周围的地区具有较大的观察值,这些地区被称为 Low-High(LH)型地区;同样我们可以称第三、四象限分别为 Low-Low(LL)型地区、High-Low(HL)型地区。HH 和 LL 象限表示正的空间自相关并且表明相近观察值的空间聚集,而位于 LH 和 HL 象限的地区则与邻近地区呈负相关。

2) 空间异质性

空间异质性是指不同区域在某一特定属性上的空间上趋散。空间异质性表明经济行为或经济关系在空间上的不稳定,如存在中心区和边远区、发达区和落后区。在模型中表现为误差项方差和模型参数随区位变化。即空间差异反映在参数 β_i 或 $\text{Var}(\varepsilon_i)$ 在所有空间单位上不相等。当存在空间异质性时,普通回归模型变为

$$Y_i = X\beta_i + \varepsilon_i \tag{2-12}$$

即空间结构不稳定反映在参数 β_i 在所有空间单元上不相等。若 β_i 对所有空间单元都相等,则模型退化成普通回归模型。此外空间异质性还可以体现在扰动项 ε_i 的异方差性。

2.4.3 空间权重矩阵

研究空间计量经济学最关键也是最基础的是如何把空间概念引入到模型中。简单地说,就是如何来度量空间各单位间的位置及其相互之间的关系,而这种关系是通过空间权重矩阵 W 来体现的。空间权重矩阵 W 就是对空间位置及其相互关系的量化表示,通过空间权重矩阵我们可以用简单的数字来表示复杂的空间地理位置关系。空间权重矩阵 W 是一个 $n \times n$ 的对称矩阵,其对角线元素一般为零,其权数的设定一直存在很大争议,目前为止主要确定规则一般有三种:①地理位置规则。这是一种比较简单、直观的方法,它用 1 和 0 分别表示空间各个单位间的相邻和不相邻,最后对矩阵进行标准化处理便得到我们所要的空间权重矩阵,但是这种方法过于绝对。②临界距离规则。根据不同临界距离的定义还可以分为有限距离和负指数距离权重等。有限距离权重首先是由 Pace(1997)提出的,我们令 d_{ij} 表示两个区域(不一定相邻)之间的欧几里得距离,$d_{i,\max}$ 表示其中的最大空间距离,对于第 i 个区域,若 $d_{ij} \leqslant d_{i,\max}$,则 $W_{ij} = 1$;否则 $W_{ij} = 0$。Anselin(1988)提出了负指数距离权数,主要是根据 $W_{ij} = \exp(-\beta d_{ij})$,其中 d_{ij} 同样表示两个区域

（并不一定要相邻）之间的欧几里得距离，参数 β_{ij} 需要事先设定。③经济距离规则。其主要思想是根据两个地区间的某一或若干经济变量，如人均收入、对外贸易额等经济指标来表示彼此间的距离 d_{ij}，再通过距离衰退定理（distance decay theory）确定衰退函数得到权数，如 $W_{ij}=1/d_{ij}$。

2.4.4 空间横截面模型

在经典线性回归模型中加入被解释变量的空间滞后项 W_y，就称为空间滞后回归模型（spatial lag regression model，SLM）或空间自回归模型（spatial autoregressive regression model，SAR），回归方程及其数据生成过程如下所示：

$$y = \rho W_y + \alpha t_n + X\beta + \varepsilon \tag{2-13}$$

$$y = (I_n - \rho W)^{-1}(\alpha t_n + X\beta) + (I_n - \rho W)^{-1}\varepsilon, \quad \varepsilon \sim N(0, \sigma^2 I_n) \tag{2-14}$$

式中，y 是 n 维被解释列向量；X 是 $n \times k$ 阶解释变量矩阵；t_n 是元素均为 1 的 n 维列向量；ρ 是空间自相关系数，是一标量；α，β 是模型的参数向量；ε 为随机扰动项；W 是 $n \times n$ 阶空间权重矩阵。

如果再在空间滞后回归模型中加入解释变量的空间滞后项 W_x，则称为空间杜宾模型（spatial Durbin model，SDM），回归方程及其数据生成过程如下所示：

$$y = \rho W_y + \alpha t_n + X\beta + WX\gamma + \varepsilon \tag{2-15}$$

$$y = (I_n - \rho W)^{-1}(\alpha t_n + X\beta + WX\gamma) + (I_n - \rho W)^{-1}\varepsilon, \quad \varepsilon \sim N(0, \sigma^2 I_n) \tag{2-16}$$

如果在经典线性回归模型中考虑随机扰动的空间滞后项，则称之为空间误差模型（spatial error model，SEM），回归方程如下所示：

$$y = \alpha t_n + X\beta + \mu \tag{2-17}$$

既包含被解释变量的空间滞后项，又包括随机扰动项的空间滞后项的模型称之为 SAC 模型：

$$y = \alpha t_n + \rho W_{1y} + X\beta + \mu \tag{2-18}$$

$$\mu = \theta W_2 \mu + \varepsilon, \quad \varepsilon \sim N(0, \sigma^2 I_n) \tag{2-19}$$

$$y = (I_n - \rho W_1)^{-1}(\alpha t_n + X\beta) + (I_n - \rho W_1)^{-1}(I_n - \theta W_2)^{-1}\varepsilon \tag{2-20}$$

空间移动平均过程 $\mu = (I_n - \theta W)\varepsilon$ 与 SLM 模型合并之后可以生成新的模型，空间自回归移动平均过程（spatial autoregressive moving average model，SARMA）：

$$y = \alpha t_n + \rho W_{1y} + X\beta + \mu, \quad \mu = (I_n - \theta W_2)\varepsilon, \quad \varepsilon \sim N(0, \sigma^2 I_n) \tag{2-21}$$

$$y = (I_n - \rho W_1)^{-1}(\alpha t_n + X\beta) + (I_n - \rho W_1)^{-1}(I_n - \theta W_2)^{-1}\varepsilon \tag{2-22}$$

2.5 本章小结

本章主要梳理了投入产出分析、系统动力学、因素分解分析和空间计量经济学等理论和方法。投入产出分析介绍了投入产出的发展历程、投入产出表的特征和编制理论以及投入产出模型的部门平衡式表达。系统动力学主要介绍了系统动力学的发展史和应用领域以及系统动力学模型特点和应用方法。因素分解分析主要介绍了因素分解理论的概念及其主要类型,并介绍了指数分解和结构分解的应用特点,最后介绍了结构分解的应用方法。空间计量经济分析主要介绍了空间计量经济学的定义,并介绍了空间计量经济学处理的空间相关性和空间异质性效应;阐述了三种类型空间权重矩阵的设定;最后对空间计量经济学主要模型进行了介绍和解读。

第3章 扩展型投入产出序列表编制

投入产出分析是研究国民经济各产品部门之间数量依存关系的一种行之有效的宏观经济分析手段，投入产出表为投入产出分析与研究提供了必要的数据基础，因此对其进行扩展和改进是提高投入产出技术研究精度的关键所在。目前的投入产出表大多是基于传统经济理论之上的现价表，扣除价格因素后各部门之间的实物数量转移关系无法体现；同时仅仅将纯经济部门考虑在投入产出表中，已无法适应当前投入产出分析的研究趋势，因为经济的发展不能以破坏环境和牺牲环境为代价，而应保持与资源和环境之间的协调发展（廖明球，2009）。对此，引进可比价的概念并以用水作为水资源的一个指标纳入到投入产出表的编制理念中，为揭示经济、水资源之间的定量关系提供必需的数据基础，为实施最严格水资源管理制度提供决策依据和分析工具。

当前编制的投入产出表采用的都是当年生产者价格，由于价格的变化，不同年份的投入产出表之间缺乏数据可比性，为此一些国内学者认识到编制可比价投入产出序列表的必要性，采用可比价投入产出序列表进行跨时期的经济分析时可以更真实地反映经济的实际变化，李强等（1998）、刘起运等（2010）编制了中国可比价投入产出序列表，为学者研究中国国民经济各部门的演变趋势及其预测提供了必要条件。

国内外学者分别在可比价投入产出表及其分析、水资源投入产出表的编制和模型应用研究方面取得了显著的研究成果，为水资源研究开辟了新的前景与技术支撑，但鲜见结合可比价的理念和将水资源考虑到投入产出表进行分析的需求，以区域为范围通过编制剔除价格因素影响的可比价投入产出序列表构建区域考虑用水的投入产出表，最终编制考虑用水的可比价投入产出序列表。本章以江苏省为例，编制了1997~2010年6个时间节点的实物-价值混合扩展型可比价投入产出序列表，为研究江苏省用水结构与产业结构的演变规律及其之间的互动关系提供数据基础。

3.1 扩展型投入产出表编制基本思路

目前江苏省公布的投入产出表均是建立在纯经济系统的基础之上，因此仅局限于省内对生产、消费流通等纯经济性的一面，而未将经济活动所对应的行政区域内资源环境损耗及其影响考虑在内。此外，当前江苏省编制投入产出表都是基于当年价的价值型表，并不能反映真实产品部门实物量之间的转移和消耗。对此，结合江苏省公布的所有收集到的投入产出表，收集统计各经济部门的价格指数，编制以 2005 年为价格基准年的可比价序列表，在此基础上根据投入产出模型表形式，将国民经济行业用水量纳入表中——将用水纳入国民经济行业价值型投入产出表中的"投入块"，构造实物-价值混合扩展型投入产出表，将传统的价值型投入产出表和水资源在生产过程中的物质循环描述相结合，在传统的国民经济投入产出表基础上，增加Ⅳ象限，用以反映经济行业对水的占用情况（汪党献等，2011），其简表如表 3-1 所示。

表 3-1 考虑用水的投入产出简表

投入 \ 产出		中间使用					最终使用					总产出
		行业 1	行业 2	...	行业 n	合计	最终消费	资本形成总额	流出	出口	最终使用合计	
中间投入	行业 1	x_{ij} I					Y_i II					X_i
	行业 2											
	...											
	行业 n											
	合计											
增加值	增加值合计	N_j III										
总投入		X_j										
用水量/m³		W_j IV										

3.2 考虑用水的可比价投入产出表编制

3.2.1 江苏省可比价投入产出表的编制

江苏省可比价投入产出序列表的编制参照中国可比价投入产出序列表的方法，以现阶段能收集到的江苏省 1997 年、2000 年、2002 年、2005 年、2007 年、2010 年 6 个时间节点的现价投入产出表为基础，通过调整编制现价序列表和价格指数，采用价格指数缩减的方法计算（张玲玲等，2014）。主要包括如下几个步骤。

3.2.1.1 价格基准年的确定

价格基准年是指以当年现价价格作为参照权数的年份。考虑可比价投入产出序列表编制前,通常需要将各实物量的价格固定在某一个年份,然后用该年份的价格来衡量其他年份的产出价值,用于反映扣除价格因素影响后的实际经济发展变化。价格基准年确定的不同,对于同一个现价时间序列而言,计算的可比价序列也不同,另外,由于存在误差值的积累量,在同一个可比价序列中,离基准年越近,价格吻合度越高,计算的各类指数也越真实;反之亦然(刘起运等,2010)。由于本书编制可比价序列表是为研究近年来江苏省产业结构变化提供数据基础,特别是分析近十年用水结构与各国民经济部门之间关联演变规律,因此选定 2005 年作为可比价序列表的价格基准年,即江苏省可比价投入产出序列表是以 2005 年为参照年的时间序列。

3.2.1.2 价格指数的获取

在收集各部门的价格指数之前,考虑到江苏省的投入产出表的部门口径并非完全一致,1997 年投入产出表分为 124 个部门,2000 年的投入产出表分为 40 个部门,2002 年、2005 年、2007 年和 2010 年投入产出表分为 42 个部门,因此需先将五张表的部门结构划分调整为统一口径。考虑到有四张表都是 42 个部门的投入产出表,故将 1997 年的 124 个部门合并为 42 个部门,而对于 40 个部门的 2000 年投入产出表考虑到接下来的工作中部门还需进一步合并,在此先不做调整。

以部门 i 和部门 j 合并为一个新部门 m 为例,部门合并分为行合并和列合并:
先进行行合并:

$$x_{mr} = x_{ir} + x_{jr}, \quad r = 1, 2, \cdots, n \tag{3-1}$$

再进行列合并:

$$x_{mk} = x_{si} + x_{sj}, \quad s = 1, 2, \cdots, n-1 \tag{3-2}$$

同理,也可以先进行列合并,再进行行合并。在通过以上合并公式对第 I 象限内的元素进行合并的同时,第 II、III 象限元素只需对应合并即可。

至此,收集江苏省自 1997~2010 年以来各部门行业的价格指数(表 3-2),考虑到投入产出表中的价值量都是当年生产者价格,故此处收集的价格指数均为生产价格指数(或出厂价格指数),之后将收集的指数转换成以 2005 年为基年的价格指数(表 3-3)。理想的价格指数缩减法是不同的指标采用不同的价格指数缩减,但由于目前编制的关于全国和江苏省的价格指数有限,不能满足按部门分别缩减的需要,因此,采用江苏省各产品部门行采用同一的价格指数。

数据资料来源于《中国统计年鉴》中江苏省价格指数或物价的统计数据和《江苏省统计年鉴》中的价格指数或物价的统计数据。

《江苏省统计年鉴》和《中国统计年鉴》中2004~2010年的价格指数比较健全。农产品的可比价缩减利用农产品生产价格指数缩减；各工业部门的可比价采用工业品出厂价格指数（其中纺织服装鞋帽皮革羽绒及其制品业的价格指数采用缝纫工业和皮革工业出厂价格指数的加权平均价格指数；造纸印刷及文教体育用品制造业的价格指数采用造纸工业和文教艺术用品工业出厂价格指数的加权平均价格指数；非金属矿物制品业的价格指数采用建筑材料工业出厂价格指数；金属冶炼及压延加工业和金属制品业的价格指数采用冶金业的出厂价格指数）；建筑业的可比价采用建筑安装工程价格指数；邮政业采用通信服务价格指数；批发和零售业采用商品零售价格指数；住宿和餐饮业采用在外用膳食品价格指数；金融保险业采用金融业价格指数（居民消费价格指数和固定资产投资价格指数的加权平均价格指数）；房地产业采用房地产价格指数；其他服务业采用服务项目价格指数中对应的细项价格指数或直接采用服务项目价格指数。

对于1998~2003年的各产品部门的价格指数，农产品的价格指数采用农业总产值指数进行缩减；工业部门的可比价采用工业品出厂价格指数（根据统计年鉴中关于工业分工的说明，以下部门的价格指数选取如下：煤炭开采和洗选业采用煤炭及炼焦工业的价格指数；石油和天然气开采业、金属矿采选业、非金属矿及其他矿采选业采用重工业采掘业的价格指数；石油加工、炼焦及核燃料加工业采用重工业原料加工的价格指数；通用、专用设备制造业，交通运输设备制造业，电气机械及器材制造业，机械工业、机械设备修理业采用重工业加工业的价格指数；通信设备、计算机及其他电子设备制造业，仪器仪表及文化、办公用机械制造业采用轻工业以非农业产品为原料的价格指数；工艺品及其他制造业、废品废料、燃气生产和供应业、水的生产和供应业采用其他工业的价格指数）；第三产业的价格指数选取如上。

表3-2 各国民经济部门价格指数（上一年=100）

行业	1998年	1999年	2000年	2001年	2002年	2003年	2004年	2005年	2006年	2007年	2008年	2009年	2010年
农、林、牧、渔业	94.6	85.3	100.5	98.3	103.8	101.0	122.7	100.3	99.9	112.6	114.3	99.9	108.8
煤炭开采和洗选业	90.0	92.0	102.2	104.8	112.2	109.3	151.7	125.3	95.8	104.0	136.9	86.6	119.9
石油和天然气开采业	90.0	92.0	102.2	104.8	112.2	109.3	124.9	141.1	122.3	101.2	134.2	67.2	148.9
金属矿采选业	90.9	92.0	102.2	104.8	112.2	109.3	186.5	116.5	99.5	119.5	127.8	81.1	127.3
非金属矿及其他矿采选业	90.9	92.0	102.2	104.8	112.2	109.3	112.5	106.4	98.4	101.3	108.8	97.1	105.0

续表

行业	1998年	1999年	2000年	2001年	2002年	2003年	2004年	2005年	2006年	2007年	2008年	2009年	2010年
食品制造及烟草加工业	98.1	96.7	89.4	100.2	99.9	103.5	107.6	99.6	100.7	110.1	111.4	97.3	105.1
纺织业	96.4	93.6	101.8	99.4	96.1	104.1	105.7	101.5	102.0	101.2	102.3	96.5	111.7
纺织服装鞋帽皮革羽绒及其制品业	101.2	99.0	102.1	98.2	100.5	100.7	102.0	103.0	101.2	100.9	100.9	100.3	103.0
木材加工用家具制造业	88.3	96.4	97.1	96.5	96.7	99.4	103.1	103.0	102.1	106.5	103.7	95.9	101.3
造纸印刷及文教体育用品制造业	93.3	92.1	104.5	96.6	98.4	99.5	101.6	101.9	101.6	101.0	104.9	97.1	106.1
石油加工、炼焦及核燃料加工业	91.3	96.3	110.9	99.2	97.7	102.3	115.1	117.3	117.1	102.7	119.6	91.4	126.0
化学工业	90.9	95.3	105.2	98.2	96.9	104.4	110.4	105.8	101.7	104.2	105.3	93.5	113.8
非金属矿物制品业	95.5	98.5	99.2	96.7	98.2	101.8	105.5	95.8	101.1	103.3	105.9	97.9	105.1
金属冶炼及压延加工业	90.0	94.6	104.1	98.6	95.7	108.7	119.9	103.5	101.8	108.2	113.8	89.4	112.6
金属制品业	90.0	94.6	104.1	98.6	95.7	108.7	119.9	103.5	101.8	108.2	113.8	89.4	112.6
通用、专用设备制造业	95.7	96.9	96.7	99.3	97.0	102.3	102.7	101.2	100.3	101.0	103.6	98.7	100.7
交通运输设备制造业	95.7	96.9	96.7	99.3	97.0	102.3	100.4	99.2	99.8	102.7	102.4	100.0	102.3
电气机械及器材制造业	95.7	96.9	96.7	99.3	97.0	102.3	103.8	103.6	110.4	105.3	102.2	94.7	107.2
通信设备、计算机及其他电子设备制造业	90.7	94.0	99.5	96.7	96.1	99.2	95.2	97.3	97.6	95.4	96.0	93.5	102.4
仪器仪表及文化、办公用机械制造业	90.7	94.0	99.5	96.7	96.1	99.2	98.5	98.8	101.5	98.6	101.8	104.4	99.6
工艺品及其他制造业	106.5	107.6	102.6	107.1	102.3	100.1	99.7	100.1	101.2	100.4	102.6	99.0	104.8
废品废料	106.5	107.6	102.6	107.1	102.3	100.1	123.9	121.0	112.2	108.2	97.3	112.4	100.7
电力、热力的生产和供应业	102.0	101.0	106.1	99.9	99.6	100.4	103.8	106.0	99.7	102.3	103.0	104.1	100.6
燃气生产和供应业	106.5	107.6	102.6	107.1	102.3	100.1	100.8	101.3	105.9	107.7	105.1	88.6	109.7
水的生产和供应业	106.5	107.6	102.6	107.1	102.3	100.1	113.3	106.7	107.3	109.0	102.0	105.1	106.5
建筑业	99.1	99.3	102.4	101.0	102.2	107.7	113.9	99.6	100.8	107.8	115.9	97.0	106.9
交通运输、仓储业	96.8	96.6	97.0	100.6	99.2	98.6	100.1	100.8	102.6	99.9	100.9	96.8	101.7
邮政业	93.8	93.1	92.1	92.3	95.0	96.2	96.6	96.2	96.1	96.7	95.3	96.5	96.7

续表

行业	1998年	1999年	2000年	2001年	2002年	2003年	2004年	2005年	2006年	2007年	2008年	2009年	2010年
信息传输、计算机服务和软件业	108.6	110.4	109.0	100.4	97.7	101.0	102.5	103.2	102.2	100.5	101.2	100.2	103.6
批发和零售业	98.2	96.9	98.6	98.9	98.4	99.8	102.9	100.3	102.9	104.9	98.9	103.2	103.2
住宿和餐饮业	100.8	99.5	99.0	99.1	99.7	100.9	104.9	104.2	103.6	106.8	109.9	102.7	103.7
金融业	99.1	98.5	100.7	100.8	100.3	102.7	106.7	101.5	101.4	104.6	107.7	98.7	104.5
房地产业	108.6	110.4	109.0	100.4	97.7	101.0	102.5	103.2	103.1	106.0	103.9	101.2	107.3
租赁和商务服务业	108.6	110.4	109.0	100.4	97.7	101.0	102.5	103.2	102.2	100.5	101.2	100.2	103.6
研究与试验发展	108.6	110.4	109.0	100.4	97.7	101.0	102.5	103.2	102.2	100.5	101.2	100.2	103.6
综合技术服务业	108.6	110.4	109.0	100.4	97.7	101.0	102.5	103.2	102.2	100.5	101.2	100.2	103.6
水利、环境和公共设施管理业	108.6	110.4	109.0	100.4	97.7	101.0	102.5	103.2	102.2	100.5	101.2	100.2	103.6
居民服务和其他服务业	108.6	110.4	109.0	100.4	97.7	101.0	102.5	103.2	102.2	100.5	101.2	100.2	103.6
教育	102.3	103.3	109.9	117.9	107.4	105.9	104.0	105.1	100.7	97.9	100.6	102.3	102.7
卫生、社会保障和社会福利业	108.6	110.4	109.0	100.4	97.7	101.0	102.5	103.2	102.2	100.5	101.2	100.2	103.6
文化、体育和娱乐业	106.3	103.0	100.4	101.8	100.1	100.3	100.6	102.3	102.1	101.4	102.3	103.1	102.5
公共管理和社会组织	108.6	110.4	109.0	100.4	97.7	101.0	102.5	103.2	102.2	100.5	101.2	100.2	103.6

由于收集到的价格指数均是以上一年为100的指标值，相应年份基于2005年的价格指数转换公式如下：

（1）2010年基于2005年的价格指数＝2006年的价格指数×2007年的价格指数×2008年的价格指数×2009年的价格指数×2010年的价格指数÷10^8；

（2）2007年基于2005年的价格指数＝2006年的价格指数×2007年的价格指数÷10^2；

（3）2002年基于2005年的价格指数＝10^6÷（2003年的价格指数×2004年的价格指数×2005年的价格指数）；

（4）2000年基于2005年的价格指数＝10^{10}÷（2001年的价格指数×2002年的价格指数×2003年的价格指数×2004年的价格指数×2005年的价格指数）；

（5）1997年基于2005年的价格指数＝10^{16}÷（1998年的价格指数×1999年的价格指数×2000年的价格指数×2001年的价格指数×2002年的价格指数×2003年的价格指数×2004年的价格指数×2005年的价格指数）。

表 3-3　以 2005 年为基年的各国民经济部门价格指数

行业	2010 年	2007 年	2002 年	2000 年	1997 年
农、林、牧、渔业	139.75	112.49	80.45	78.85	97.22
煤炭开采和洗选业	141.62	99.63	48.13	40.93	48.37
石油和天然气开采业	166.20	123.77	51.91	44.15	52.17
金属矿采选业	157.34	119.25	42.18	35.87	41.97
非金属矿及其他矿采选业	110.57	99.68	76.43	65.00	76.06
食品制造及烟草加工业	126.30	110.87	90.15	90.06	106.20
纺织业	113.82	103.22	89.54	93.73	102.05
纺织服装鞋帽皮革羽绒及其制品业	106.48	102.11	94.60	95.88	93.78
木材加工用家具制造业	109.54	108.74	94.74	101.52	122.83
造纸印刷及文教休育用品制造业	110.87	102.63	97.09	102.17	113.78
石油加工、炼焦及核燃料加工业	165.64	120.26	72.40	74.70	76.62
化学工业	118.73	105.97	82.01	86.18	94.57
非金属矿物制品业	113.80	104.44	97.19	102.35	109.68
金属冶炼及压延加工业	126.18	110.15	74.13	78.56	88.64
金属制品业	116.59	108.24	74.13	78.56	88.64
通用、专用设备制造业	104.28	101.32	94.04	97.64	108.88
交通运输设备制造业	107.37	102.49	98.15	101.90	113.63
电气机械及器材制造业	120.61	116.25	90.90	94.37	105.24
通信设备、计算机及其他电子设备制造业	85.58	93.11	108.83	117.11	138.05
仪器仪表及文化、办公用机械制造业	105.94	100.08	103.58	111.47	131.40
工艺品及其他制造业	108.16	101.60	100.10	91.36	77.71
废品废料	133.70	121.40	66.64	60.82	51.73
电力、热力的生产和供应业	110.02	101.99	90.52	90.98	83.23
燃气的生产和供应业	116.51	114.05	97.84	89.30	75.95
水的生产和供应业	133.53	116.96	82.64	75.42	64.15
建筑业	130.59	108.66	81.85	79.29	78.69
交通运输、仓储业	102.23	102.81	100.48	100.28	110.56
邮政业	82.68	92.93	111.87	127.58	158.62
信息传输、计算机服务和软件业	107.90	102.71	93.60	95.42	73.02
批发和零售业	113.70	107.94	97.09	99.76	106.33
住宿和餐饮业	129.50	110.64	90.67	91.77	92.42
金融业	117.70	106.06	89.95	89.02	90.60

续表

行业	2010年	2007年	2002年	2000年	1997年
房地产业	123.30	109.29	93.60	95.42	73.02
租赁和商务服务业	107.90	102.71	93.60	95.42	73.02
研究与试验发展	107.90	102.71	93.60	95.42	73.02
综合技术服务业	107.90	102.71	93.60	95.42	73.02
水利、环境和公共设施管理业	107.90	102.71	93.60	95.42	73.02
居民服务和其他服务业	107.90	102.71	93.60	95.42	73.02
教育	104.17	98.57	86.37	68.21	58.73
卫生、社会保障和社会福利业	107.90	102.71	93.60	95.42	73.02
文化、体育和娱乐业	112.06	103.54	96.91	95.10	86.51
公共管理和社会组织	107.90	102.71	93.60	95.42	73.02

3.2.1.3　可比价投入产出表的推算

利用各时间节点基于2005年的价格指数，对对应的现价投入产出表进行缩减编制，将江苏省投入产出表中的第Ⅰ、第Ⅱ象限沿"行"的方向除以相应的价格指数，计算得第Ⅰ象限、第Ⅱ象限、总产出等各项基于2005年的可比价数据，计算公式如下：

$$可比价数据 = 现价数据 \div 价格指数$$

利用投入产出表的平衡关系式：总产出等于总投入，同理推知可比价的总产出等于可比价的总投入，因此用总投入扣减可比价中间投入的差额即可获得第Ⅲ象限可比价增加值。据此，江苏省6个时间节点的可比价投入产出序列表编制完成。

3.2.2　考虑用水的投入产出表的编制

3.2.2.1　部门合并

由于江苏省从1997～2010年期间的投入产出表的部门分类不一致，考虑到用水数据收集的限制和部门的内在联系性，参考《国民经济行业分类》，并结合相关领域专家经验，将原来的部门统一合并为21个部门，21个部门分类组成见表3-4。

表 3-4 投入产出表 21 个部门分类组成

部门序号	部门	组成
1	农业	农、林、牧、渔业
2	煤炭采选业	煤炭开采和洗选业
3	石油天然气	石油和天然气开采业,石油加工、炼焦及核燃料加工业,燃气生产和供应业
4	其他采掘业	金属矿采选业,非金属矿及其他矿采选业
5	食品工业	食品制造及烟草加工业
6	纺织工业	纺织业,纺织服装鞋帽皮革羽绒及其制品业
7	森林工业	木材加工用家具制造业
8	造纸工业	造纸印刷及文教体育用品制造业
9	化学工业	化学工业
10	建材工业	非金属矿物制品业
11	冶金工业	金属冶炼及压延加工业,金属制品业
12	机械设备工业	通用、专用设备制造业,交通运输设备制造业,电气机械及器材制造业
13	电子仪器	通信设备、计算机及其他电子设备制造业,仪器仪表及文化、办公用机械制造业
14	电力工业	电力、热力的生产和供应业
15	水的生产和供应业	水的生产和供应业
16	其他制造业	工艺品及其他制造业、废品废料
17	建筑业	建筑业
18	运输邮电业	交通运输、仓储业,邮政业
19	住宿餐饮业	住宿和餐饮业
20	批发和零售业	批发和零售业
21	其他服务业	信息传输、计算机服务和软件业,批发和零售业,金融业,房地产业,租赁和商务服务业,研究与试验发展,综合技术服务业,水利、环境和公共设施管理业,居民服务和其他服务业,教育、卫生、社会保障和社会福利业,文化、体育和娱乐业,公共管理和社会组织

3.2.2.2 用水数据的确定

三次产业用水量的数据来源于《江苏省水资源公报》。水资源公报中能直接收集到的用水量数据包括:①农业部门用水量;②电力工业用水量;③2005 年、2007 年、2010 年建筑业用水量:建筑业用水量=第二产业用水量-一般工业用水量－火电工业用水量。由于目前难于搜集到分行业的用水量的统计资料，一般工业的用水量及其第三产业用水量只能采取间接方法求得。考虑到投入产出表中有一个部门是水的生产和供应业，其主要是自来水厂的供应，故其形式就是用水量转化成价值型的数据，对此，用水的生产和供应业的数据来折算第二产业和第三产业分部门各自的用水量。

具体方法如下：某一工业部门的用水量采用水的生产和供应业用于该工业部门的中间消耗占水的生产和供应业用于各工业部门中间消耗之和的百分比在一般工业用水量中进行分配。建筑、交通、邮政、商饮、服务等部门用水量按照水的生产和供应业用于某一部门（建筑、交通、邮政、商饮、服务等）中间消耗占水的生产和供应业用于建筑、交通、邮政、商饮、服务等部门中间消耗之和的百分比在第三产业用水中进行分配。

据此，对数据合理性进行分析，最终编制成考虑用水的可比价扩展投入产出序列表，为江苏省进行投入产出分析提供数据支撑。

3.3 基本平衡关系

已知投入产出列平衡的公式如下：

$$X = (I - A)^{-1} Y \tag{3-3}$$

式中，X，Y 分别表示总产出和最终使用；$(I-A)^{-1}$ 为列昂惕夫逆矩阵。

引进第 j 行业直接取水系数 Q_w 后，各行业占用水资源量 W 表示为

$$W = Q_w X = Q_w (I - A)^{-1} Y \tag{3-4}$$

式中，W 为各经济行业用水量的行向量，X 为总投入行向量，Y 为转化后的最终使用行向量。

公式（3-3）、公式（3-4）构成了水资源投入产出模型。该模型反映了总产出与总投入的平衡关系及各行业对水资源的占用情况。

3.4 本章小结

本章以江苏省为例，在传统投入产出表的基础上将其扩展为扣除价格因素影响下的考虑用水的可比价投入产出表，以 2005 年为价格基准年，构造了 1997 年、2000 年、2002 年、2005 年、2007 年、2010 年六个时间节点的实物-价值混合扩展型投入产出序列表，并论述了其中包含的平衡关系式，为研究经济、水资源之间的定量关系及其对应的产业结构、用水结构之间的互动演变规律及其发展趋势提供必需的数据基础。

第 4 章　区域现状用水特征解析

了解用水现状是分析用水结构演变与调控的基础。本章从用水量、用水结构、用水特性、用水偏差系数方面剖析江苏省用水的现状特征。用水量和用水结构是从水资源的角度对用水的分析；而用水特性分析则结合扩展型投入产出表从"水资源-经济"的角度对产业用水的分析。

用水量和用水结构分析按照用水总量（包括"三生"用水，即生产、生活和生态用水）、产业用水（即生产用水，包括第一产业、第二产业和第三产业用水）、国民经济各部门用水（第 3 章定义的 21 个部门）三个尺度分别分析了江苏省用水量变化和用水结构特征。用水特性分析是将水资源与经济联系起来分析产业用水的效率或产值，包括用水效率分析和用水效益分析。结合水资源投入产出模型和江苏省扩展型投入产出表，从用水特性的角度分析了产业用水的用水效率现状和用水效益现状。同时，根据综合评价指标体系，将 21 个国民经济部门的用水程度、潜在用水程度、用水效益高低、潜在用水效益高低进行分类，能更直观地看出各个国民经济部门使用水资源量的大小及其用水所带来的经济效益。用水偏差系数从江苏省三次产业产值、比例变化及其与用水结构的分析，研究用水结构和产值结构的偏离程度，全面反映经济产值视角下用水结构的合理性。

本章用水数据主要来源于江苏省水资源公报（1997~2014 年）、江苏省统计年鉴（1985~2014 年）。

4.1　用水量变化分析

从 2002 年到 2014 年，江苏省年平均用水量为 519.75 亿 m^3。从时段上看，于 2003 年达到最低点，仅为 421.5 亿 m^3，2003 年后用水总量稳步上升，2011 年达到最大值 556.2 亿 m^3 后开始小幅度回落，2014 年用水量 480.7 亿 m^3，与 21 世纪初用水水平持平。生产部门作为三部门（生产、生活、生态）中用水量最大的部门，其用水与总用水量变化趋势保持高度一致，在 2003 年达到最低点 389.5 亿 m^3 后缓慢攀升，于 2011 年达到最大值 518.5 亿 m^3，2011 年后缓慢下降，收窄于 442.2 亿 m^3，可见，生产用水的变动是总用水变动的决定因素。

从生产、生活、生态三部门的纵向对比上看，与生产用水相似，生活用水和生态用水都在2002~2003年里出现下降，在接下来一段时间里用水量开始缓慢提升。不同的是生态用水略微滞后于生产用水变化，于2012年达到高点3.3亿m^3后才缓慢下降，于2014年降到2.7亿m^3，而生活用水却一直在增加，于2014年达到高点35.8亿m^3。生产用水占总用水绝大部分，其变化与总用水变化具有明显的一致性。生活用水量主要由居民人口和用水消费习惯等因素决定，随着人们收入和消费水平的提高，有不断增加趋势，但由于占总用水量比例较小，因此在总用水量变化趋势上反映不明显。

从生产用水来看，农业用水占用水总量的大部分，而农业用水主要是农田灌溉用水，其用水量变化趋势与用水总量变化成正相关，用水量最低值出现在2003年，2004年至今用水量趋于平缓。在工业用水方面，2002~2007年，随着生产用水的提高，工业用水量也稳步攀升，于2007年达到高点227.22亿m^3，2007~2011年，生产用水增加缓慢，工业用水开始小幅下降，2012年后随着总用水下降，工业用水大幅下降，在2014年出现新低129.56亿m^3。总体而言，工业用水趋势先增后减，与生产用水变动一致。服务业用水作为用水量最少的产业，其用水量于2003年出现最低值为6.23亿m^3，其后时间段里，用水量缓慢攀升，于2014年达到高点15.03亿m^3，并没有像农业和工业一样，随着生产用水总量的下降而下降。总的来说，农业与工业用水量对生产用水总量变化敏感，变化趋势保持一致，而服务业对生产用水总量变化不敏感，甚至出现相反变动。这是由于服务业相比于其他两个产业，对水的直接依赖较小，并且由于其低投入高产出的特性，逐渐受到重视，水资源投入量在增加。江苏省用水量变化如图4-1~图4-3所示。

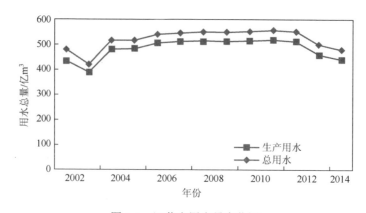

图4-1 江苏省用水量变化图

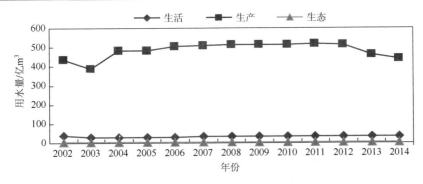

图 4-2 生活、生产和生态用水量变化图

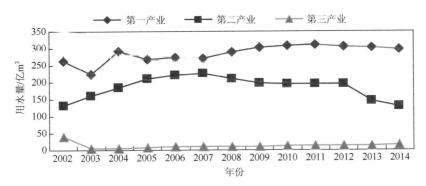

图 4-3 三次产业用水变化图

在用水量横向比较分析上,基于 2010 年江苏省投入产出延长表分析三次产业用水情况和各国民经济部门用水情况(表 4-1,表 4-2)。

表 4-1 2010 年三次产业用水量情况

产业	用水量/亿 m³	用水比例/%
第一产业	308.20	59.84
第二产业	193.80	37.63
第三产业	13.00	2.53

表 4-2 2010 年国民经济各部门用水量情况

用水量情况	农业	煤炭采选业	石油天然气	其他采掘业	食品工业	纺织工业	森林工业
用水量/亿 m³	308.20	0.08	0.22	0.23	0.90	2.82	0.40
用水比例/%	59.84	0.02	0.04	0.04	0.17	0.55	0.08

续表

用水量情况	造纸工业	化学工业	建材工业	冶金工业	机械设备工业	电子仪器	其他制造业
用水量/亿 m³	2.13	22.75	1.28	4.50	10.48	3.28	0.21
用水比例/%	0.41	4.42	0.25	0.87	2.04	0.64	0.04
用水量情况	电力工业	水的生产和供应业	建筑业	运输邮电业	住宿餐饮业	批发和零售业	其他服务业
用水量/亿 m³	141.20	1.41	1.90	0.76	1.26	2.26	8.72
用水比例/%	27.42	0.27	0.37	0.15	0.24	0.44	1.69

2010 年第一产业用水量为 308.20 亿 m³，占生产用水量的 59.84%。可见农业仍然是江苏省的用水大户，用水比例超过整个生产用水的一半。但相比 1997 年农业用水量占生产用水的 59.25%，2010 年略有上升。农业用水量占比的上升，说明农业用水需求量大幅提升。但随着科技不断进步，农业正在向精细化和节能化生产方面转变，各种节水设施的广泛使用，使得灌溉用水大幅度减少；同时第一产业中农林渔畜业的内部优化，农业产品生产不再局限于低技术含量、低附属价值的模式，使得农业产值不断提高，从而有更多的资金投入到水利基础设施建设与农业节水技术的推广中。

第二产业用水量为 193.80 亿 m³，比重由 1997 年的 33.76%上升到 2010 年的 37.63%，表明江苏省工业化程度不断增大。工业的用水量急剧增加，表明江苏省还处于工业化初始阶段，大批工厂的设立、工业规模迅速扩大直接带动了工业用水量的剧增，在此阶段内，节水、治污技术尚未得到推广，相关的政策法规有待完善，第二产业用水量及用水比例不断上升。

第三产业用水量为 13.00 亿 m³，占生产用水总量的 2.53%，而 1997 年占生产用水总量的 3.00%。虽然比 1997 年第三产业用水量有所增加，但用水比例不增反减，这也反映比起第二产业规模的不断壮大，第三产业作为新兴产业在江苏省的近十年内开发力度不够，发展潜力巨大。第三产业虽然基础薄弱，但往往因为其强大的经济带动效应能得到政府的大力支持，未来总用水量也将呈现明显上升趋势。

在 21 个国民经济部门中，农业用水和电力工业用水是江苏省的用水大户，占生产用水总量的绝大部分。除去农业和电力工业以外，纺织工业、化学工业、冶金工业、机械设备工业、电子仪器、其他制造业的用水比例也较高，其原因主要是生产量大，同时节水技术没有跟上生产的步调，相关的政策法规也不够完善。由于单纯分析各国民经济部门的用水量情况并不能真正反映各个部门用水的实质现状，故本章中引入水资源投入产出分析模型，通过用水效率和用水效益两方面的综合评价更好地对江苏省用水结构的现状进行剖析。

4.2 用水结构变化分析

4.2.1 用水结构现状

用水结构是指各个不同用水部门在总用水中的比例。按生产、居民生活和城镇环境划分用水结构,其中生产用水又分为第一产业用水、第二产业用水和第三产业用水。2002~2014 年,江苏省用水结构变化趋于平稳,生产用水占总用水的比重由 2002 年的 90.81%慢慢攀升到 2004 年的 93.66%后,长期稳定在 93%左右,2013~2014 年占比略微下降,为 92%。总体而言生产用水占比稳定在 93%左右。居民生活占总用水比重从 2002~2004 年间小幅下降,到达低点 5.79%后开始略微提高,2005~2012 年占比维持在 6%左右,在 2013~2014 年出现较大攀升,达到 7.45%高点。生活用水占比总体是先降低,后平缓,再上升的趋势。联系上节用水量的分析可得生活用水量不随着总用水量的降低而减少,而是由用水人数和用水习惯决定,稳定性相对较高,所以在 2013~2014 年间随着总用水量的减少,生活用水的比例出现提高现象。生态环境用水量一直比较稳定,如前文所述,和生产用水一样对总用水量变动敏感,变化趋势与总用水量一致,因此占比维持在 0.56%左右,见图 4-4。

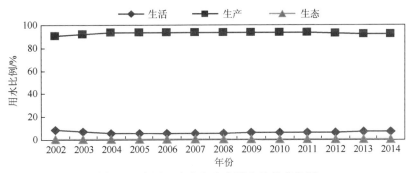

图 4-4 生活、生产和生态用水结构变化图

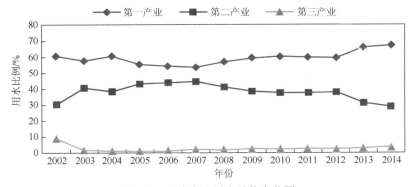

图 4-5 三次产业用水结构变化图

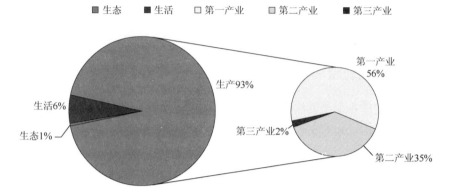

图 4-6　2010 年用水结构分布图

对生产用水进行细分,数据显示第一、第二和第三产业用水量存在一定的变化值(图 4-5,图 4-6)。第一产业用水主要是农业用水,包括农田灌溉用水、林业、渔牧业等大农业范围的用水,作为区域用水的主要使用者,其用水量的变化对用水总量产生着极大的影响,故其变化趋势与总用水量的变化基本一致。2002~2007 年,第一产业用水量所占的比例总体呈现下降趋势,达到低点 53.37%。2008~2014 年呈现上升趋势,达到高点 67.3%。由此可见,第一产业用水量占比变动呈现底部平滑的上开口抛物线趋势。第二产业用水主要为以电力行业为主的工业用水,与第一产业用水成反比例关系,第二产业用水由 2002 年的 30.4%上升为 2007 年的 44.6%,2008 年由 41.2%逐步下降为 2014 年的 29.3%。总体而言,第二产业占比呈现下开口底部平滑的抛物线变化趋势,刚好和第一产业相反。而以服务业为代表的第三产业用水占比,除 2002~2004 年呈现下降趋势外,2004~2014 年用水量所占比例稳步上升,由 1.3%上升至 3.4%。第三产业用水占比总体呈现上升趋势,但是上升幅度较小,且对其他两个产业用水占比变化的敏感度较低。各生产部门用水量所占比变化如图 4-7 所示。

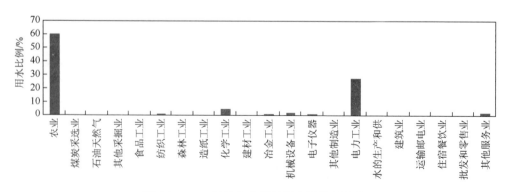

图 4-7　2010 年各生产部门用水量比例变化

以 2010 年的截面比例数据为例，2010 年生活、生产、生态用水占比分别为 6%、93%、1%。在 93%的生产用水中，第一产业用水占比 56%，第二产业占 35%，第三产业占 2%。从图 4-7 的分部门用水比例中，农业占比最高，为 59.84%；第二产业里，电力工业、机械设备工业、化学工业占比较高，分别为 27.42%、2.04%、4.42%，其他工业部门用水占比都不到 1%；第三产业只有其他服务业（几个较小服务业部门合并）较高，为 1.69%，其余的服务业占比都在 0.5%以下。总体看 21 个部门，农业和电力部门用水占比较高，其他部门所占用水比例要远低于 21 部门平均水平。

4.2.2 用水结构演变规律

"熵"原为一个物理概念，在热力学中用来衡量分子不规则运动的情况，20 世纪 50 年代 Shannon 将熵与信息论相结合，提出"信息熵"这一新的理论。本书将信息熵原理与水资源相结合，衡量产业用水系统中各国民经济部门用水比例之间变动的联系，得出用水结构演变的规律。

产业用水结构的信息熵可定义为

$$H_w = -\sum_{i=1}^{n}\left(\frac{W_j}{\sum_{j=1}^{n} W_j}\right)\ln\left(\frac{W_j}{\sum_{j=1}^{n} W_j}\right), \quad j=1,2,\cdots,21 \tag{4-1}$$

式中，H_w 为产业用水结构信息熵。

在此，结合均衡度（J）的概念，使江苏省产业用水结构系统信息熵更具直观性和可比性，则有

$$J = H / H_m \tag{4-2}$$

式中，$H_m = \ln N$，H_m 为用水结构系统信息熵最大值，N 为产业用水部门数，理论上指最无序的系统状态。均衡度 J 是实际值 H 与最大值 H_m 的比值。由公式（4-2）可见，均衡度与实际值 H 成正比，与最大值 H_m 成反比，J 越接近 1 表示系统结构越复杂，均衡性越好，J 越接近 0，表示系统越简单，均衡性越差（刘燕等，2006）。

根据扩展型 I-O 表提供的 6 个时间节点的 21 个国民经济部门的用水数据整理汇总，得出 6 个时间节点的产业用水结构比例表，结合公式（4-1）和式（4-2），计算用水结构系统的信息熵值和均衡度值并进行分析。表 4-3 为 6 个时间节点的产业用水结构表。

表 4-3　6 个时间节点的产业用水结构表　　　　　　　　（单位：%）

产业	1997 年	2000 年	2002 年	2005 年	2007 年	2010 年
农业	59.25	63.47	64.56	55.23	53.37	59.84
煤炭采选业	0.07	0.07	0.00	0.00	0.04	0.02
石油天然气	0.44	0.41	0.23	0.63	0.12	0.04
其他采掘业	0.09	0.13	0.26	0.22	0.11	0.04
食品工业	1.33	1.30	0.20	0.13	0.37	0.17
纺织工业	2.67	3.58	0.97	0.88	1.39	0.55
森林工业	0.39	0.41	0.20	0.19	0.15	0.08
造纸工业	0.81	0.85	0.11	0.12	0.82	0.41
化学工业	3.09	3.21	2.06	2.63	2.93	4.42
建材工业	0.79	0.86	0.56	0.40	0.43	0.25
冶金工业	2.13	2.47	1.68	2.63	2.08	0.87
机械设备工业	3.10	3.41	1.72	2.19	1.25	2.04
电子仪器	0.59	0.67	1.01	1.52	1.08	0.64
其他制造业	0.15	0.16	0.15	0.04	0.08	0.04
电力工业	20.65	16.06	20.44	30.62	32.87	27.42
水的生产和供应业	0.99	0.99	2.93	0.76	0.45	0.27
建筑业	0.46	0.28	0.29	0.35	0.37	0.37
运输邮电业	0.18	0.09	0.09	0.12	0.19	0.15
批发和零售业	0.43	0.22	0.64	0.13	0.14	0.24
住宿餐饮业	0.15	0.08	0.10	0.13	0.39	0.44
其他服务业	2.24	1.28	1.85	1.09	1.35	1.69
合计	100.00	100.00	100.00	100.00	100.00	100.00

1997～2010 年的 6 个时间节点，用水结构系统的信息熵整体减小的同时呈现阶段性波动，整体由 1.46 下降为 1.20。该变化表明江苏省用水结构系统整体在向有序趋势发展，但在 2002～2007 年之间呈现小幅度的无序趋势。用水结构系统的均衡度与信息熵变化趋势相类似，整体下降的同时呈现阶段性波动，这表明江苏省用水结构系统的均衡程度整体有所下降，系统均衡性减弱，但在 2002～2007 年之间呈现小幅度的均衡性上升的情况。计算结果见表 4-4 和图 4-8。

表 4-4　用水信息熵和均衡度计算结果

年份	用水信息熵	用水均衡度
1997	1.46	0.48
2000	1.4	0.46
2002	1.25	0.41
2005	1.3	0.43
2007	1.31	0.43
2010	1.2	0.39

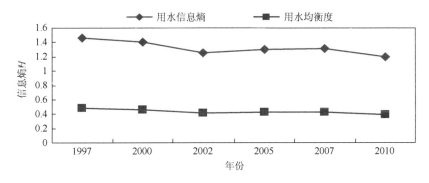

图 4-8　用水结构信息熵演变趋势图

运用信息熵原理分析江苏省产业用水结构,可以从宏观层面获悉 1997 年以来产业用水结构的整体演变及发展趋势,但是无法得知各用水主体在整体演变过程中的作用、贡献率及其各自的发展势态。因此需要通过其他方法,从微观层面对各个用水主体的分析出发,更深入地剖析江苏省产业用水结构演变。对此,下一章引入投入产出结构分解模型,通过找出各个产业用水变动的影响因素及其贡献率,更深刻地分析江苏省产业用水结构演变的内在驱动力,为提出具有针对性的用水结构调控对策提供支撑。

4.3　用水特性分析

用水特性从行业用水效率和用水效益两个方面分别比较江苏省用水投入和产出关系及其对经济系统的影响程度,为建立江苏省最严格水资源管理制度提供数据基础。

产业用水特性分析主要从"水资源-经济"的视角考虑,通过构建水资源与国民经济部门之间的相关模型进行研究。对此,汪党献(2003)提出了一套研究国民经济部门用水特性的水资源投入产出分析方法。首先编制加入"各国民经济部门用水量"的扩展型投入产出表，构建水资源投入产出模型，通过各国民经济部门用水的投入系数和产出系数来反映用水效率和用水效益。研究用水效率是为了降低单位产品产出的水资源消耗量；研究用水效益则是为了提高单位水资源消耗的价值量。

4.3.1 用水效率分析

用水效率分析是从投入的角度构建各国民经济行业水的投入系数来反映用水效率，具体表现在以下几个方面。

4.3.1.1 用水效率原理分析

国民经济部门用水效率采用水的投入系数（又称取水系数）来反映，主要包括直接取水系数、完全取水系数和取水乘数。

1）直接取水系数

直接取水系数采用万元产出值或万元增加值取水量来表示，其含义是每生产一万元产出的值或增加值所直接取用的水量，反映各国民经济行业每生产单位产品对水资源的使用水平，即用水强度的大小。

第 j 部门万元产出值的直接取水系数 Q_j^{wx} 计算公式为

$$Q_j^{wx} = W_j / X_j, \quad j=1,2,\cdots,n \tag{4-3}$$

第 j 部门万元增加值的直接取水系数 Q_j^{wn} 计算公式为

$$Q_j^{wn} = W_j / N_j, \quad j=1,2,\cdots,n \tag{4-4}$$

式中，W_j 为第 j 部门的用水量；X_j 为第 j 部门的总产出；N_j 为第 j 部门的增加值。

2）完全取水系数

完全取水系数也可分为万元产出值的完全取水系数和万元增加值的完全取水系数。其含义是某国民经济部门每增加一万元单位产出值（或增加值）的最终产品，整个经济系统所累计增加的包括直接取水和间接取水在内的所有取水量。间接取水的产生主要是由于经济系统行业间的技术联系，某一部门增加一万元最终产品，其他相关部门会产生连锁反应，继而也会相应增加水的投入。完全取水系数可以用来分析经济部门发展用水量与整个经济系统用水量之间的关系。

第 j 行业万元产出的完全取水系数 BQ_j^{wx} 计算公式为

$$BQ_j^{wx} = Q_j^{wx}(I-A)^{-1} \tag{4-5}$$

式中，I 为单位矩阵；A 为直接消耗系数矩阵；$(I-A)^{-1}$ 为列昂惕夫逆矩阵。

第 j 行业万元增加值的完全取水系数 BQ_j^{wn} 计算公式为

$$BQ_j^{wn} = BQ_j^{wx} / r_j \tag{4-6}$$

式中，$r_j = N_j / X_j$。

3）取水乘数

取水乘数是该部门完全取水系数和直接取水系数的比值，反映某一部门增加单位取水量所导致整个经济系统所增加的取水量，用于反映经济行业取水量的乘数效应。

第 j 行业取水乘数 MQ_j^w 计算公式为

$$MQ_j^w = BQ_j^{wx} / Q_j^{wx} = BQ_j^{wn} / Q_j^{wn} \tag{4-7}$$

4.3.1.2 用水效率评价指标

若要判定某国民经济部门的用水效率，可以对比该部门的用水水平与当地经济系统总体的用水水平，对此用水效率的评价指标包括以下三项：①相对取水系数；②相对取水乘数；③相对用水结构系数。

1）相对取水系数

相对取水系数为某一国民经济部门直接取水系数和经济系统综合平均直接取水系数的比值。该指标用来分析不同经济部门用水水平的高低。

第 j 行业相对产出值的取水系数 RQ_j^{wx} 计算公式为

$$RQ_j^{wx} = Q_j^{wx} / Q_o^{wx} \tag{4-8}$$

式中，Q_o^{wx} 为系统产出综合平均取水系数，计算公式为 $Q_o^{wx} = \sum_{j=1}^{n} W_j / \sum_{j=1}^{n} X_j$。

第 j 行业相对增加值取水系数 RQ_j^{wn} 为

$$RQ_j^{wn} = Q_j^{wn} / Q_o^{wn} \tag{4-9}$$

式中，RQ_j^{wn} 为系统增加值的综合平均取水系数，其计算公式为 $Q_o^{wn} = \sum_{j=1}^{n} W_j / \sum_{j=1}^{n} N_j$。

2）相对取水乘数

某一国民经济部门的取水乘数为该部门取水乘数与经济系统平均取水乘数的比值。主要反映各经济部门取水量的变化对经济系统取水总量的影响程度。

第 j 行业相对取水乘数 RMQ_j^w 计算公式为

$$RMQ_j^w = MQ_j^w / \left(\sum_{j=1}^{n} MQ_j^w / n \right) \tag{4-10}$$

3）相对用水结构系数

相对用水结构系数指标反映某一国民经济部门用水量占经济系统总用水量的比例与国民经济各部门平均水平的对比情况。

第 j 行业相对用水结构系数 RS_j^w 的计算公式为

$$RS_j^w = (W_j / W_o) / (\sum_{j=1}^{n}(W_j / W_o) / n) \qquad (4-11)$$

式中，W_o 为总用水量，$W_o = \sum_{j=1}^{n} W_j$。

4.3.1.3 用水效率评价标准

由于评价指标的建立是某一国民经济部门用水的投入系数值与经济系统平均值的比值，故以"1"作为评价标准的分界线。若该指标值大于等于1，表示超过经济系统该指标的平均水平；若该指标小于1，表明落后于经济系统该指标的平均水平。结合上述具体的指标含义，建立用水效率的评价标准：

高用水行业：$RQ_j^{wn} \geqslant 1$ 或 $RS_j^w \geqslant 1$；低用水行业：$RQ_j^{wn} < 1$ 且 $RS_j^w < 1$。

潜在高用水行业：$RMQ_j^w \geqslant 1$；潜在低用水行业：$RMQ_j^w < 1$。

4.3.1.4 用水效率分析

根据考虑用水水平的江苏省2010年扩展型投入产出表，运用上述水资源投入系数的计算方法，计算出直接取水系数（万元产值）、直接取水系数（万元增加值）、完全取水系数（万元产值）、完全取水系数（万元增加值）、取水乘数，然后再计算出相对增加值取水系数、相对取水乘数和相对用水结构系数三个评价指标，最后根据设定的效率评价标准对江苏省行业用水效率进行评价（表4-5）。

表4-5 江苏省国民经济用水投入系数

行业	直接取水系数（万元产出）	完全取水系数（万元产出）	直接取水系数（万元增加值）	完全取水系数（万元增加值）	取水乘数
农业	1011.74	1276.06	1841.62	2322.76	1.26
煤炭采选业	4.30	87.49	9.23	187.77	20.34
石油天然气	1.75	56.48	5.60	181.17	32.36
其他采掘业	11.88	135.98	39.22	449.06	11.45
食品工业	3.11	566.51	10.13	1844.30	182.14

续表

行业	直接取水系数（万元产出）	完全取水系数（万元产出）	直接取水系数（万元增加值）	完全取水系数（万元增加值）	取水乘数
纺织工业	3.34	251.60	11.13	839.67	75.44
森林工业	3.15	284.25	10.09	911.95	90.34
造纸工业	11.12	159.25	35.99	515.56	14.32
化学工业	19.84	162.74	80.60	661.16	8.20
建材工业	4.90	112.79	16.55	381.18	23.03
冶金工业	4.09	111.24	19.45	528.56	27.18
机械设备工业	4.59	83.62	16.94	308.33	18.20
电子仪器	1.93	65.33	7.23	244.36	33.82
其他制造业	3.86	192.98	13.43	671.26	49.97
电力工业	447.07	687.92	1492.85	2297.10	1.54
水的生产和供应业	66.65	146.25	104.23	228.71	2.19
建筑业	2.56	100.63	14.63	574.10	39.25
运输邮电业	1.92	37.64	3.58	70.45	19.66
住宿餐饮业	2.78	28.83	3.65	37.80	10.36
批发和零售业	19.68	311.49	43.22	684.12	15.83
其他服务业	6.00	54.01	9.45	85.14	9.01

从万元产出直接取水系数来看，第一产业万元产出用水量为 1011.74m³；第二产业万元产出平均用水量为 20.98m³，第三产业万元产出平均用水量为 5.38m³。第一产业的用水量约为第二产业的 48 倍、第三产业的 188 倍。农业是江苏省所有国民经济部门中万元产出用水量最大的部门，其次为电力工业、水的生产和供应业、批发和零售业。万元产出用水量较少的部门有石油天然气、电子仪器、运输邮电业等。

从万元产出完全取水系数来看，第一产业每增加一万元的产出，整个经济系统每万元产出新增 1276.06m³ 的用水量，间接用水量为 264.33m³；第二产业平均每增加一万元的产出，整个经济系统每万元产出新增 200.32m³ 的用水量，间接用水量为 179.34m³；第三产业平均每增加一万元的产出，整个经济系统每万元产出新增 107.99m³ 的用水量，间接用水量为 102.61m³。万元产出完全取水量最大的行业为农业，其次为电力工业和食品工业；取水量较小的行业有住宿餐饮业、运输邮电业等。

从万元增加值直接取水系数来看，第一产业万元增加值用水量为 1841.62m³；第二产业万元增加值平均用水量为 80.32m³；第三产业万元增加值平均用水量为

$8.49m^3$。第一产业的用水量约为第二产业的 23 倍、第三产业的 217 倍。农业和电力工业是江苏省所有国民经济部门中万元增加值用水量最大的两个部门，其次为水的生产与供应业、化学工业。万元增加值用水量较少的部门有住宿餐饮业、运输邮电业、石油天然气等。

从万元增加值完全取水系数来看，第一产业每增加一万元的增加值，整个经济系统每万元增加值新增 $2322.76m^3$ 的用水量，间接用水量为 $481.14m^3$；第二产业平均每增加一万元的增加值，整个经济系统每万元增加值新增 $674.52m^3$ 的用水量，间接用水量为 $594.2m^3$；第三产业平均每增加一万元的增加值，整个经济系统每万元增加值新增 $219.38m^3$ 的用水量，间接用水量为 $210.89m^3$。万元增加值完全取水量最大的行业为电力工业，其次为森林工业和食品工业；取水量较小的行业有其他服务业、住宿餐饮业和其他制造业等。

从取水乘数来看，第一产业取水乘数为 1.26，表明间接用水量是其直接用水量的 26%；第二产业平均取水乘数为 39.36，表明第二产业间接用水量是其直接用水量的 38.36 倍；第三产业平均取水乘数为 13.71，表明第三产业间接用水量是其直接用水量的 12.71 倍。取水乘数最大的行业是食品工业，其次为森林工业、其他制造业；取水乘数较小的行业有农业、电力工业、水的生产和供应业等。

用水程度高的行业有：农业，电力工业和水的生产和供应业；用水程度较低的行业有：煤炭采选业，石油天然气，其他采掘业，食品工业，纺织工业，森林工业，造纸工业，化学工业，建材工业，冶金工业，机械设备工业，电子仪器，其他制造业，建筑业，运输邮电业，住宿餐饮业，批发和零售业，其他服务业。

潜在用水程度高的行业有：食品工业，纺织工业，森林工业，机械设备工业，电子仪器，其他制造业，建筑业。潜在用水程度较低的行业有：农业，煤炭采选业，石油天然气，其他采掘业，造纸工业，化学工业，建材工业，冶金工业，电力工业，水的生产和供应业，运输邮电业，住宿餐饮业，批发和零售业，其他服务业（表 4-6）。

表 4-6　江苏省国民经济行业用水效率评价

部门	相对取水系数（万元产出）	相对取水系数（万元增加值）	相对取水乘数	相对用水结构系数	用水程度判断	潜在用水程度判断
农业	23.50	14.70	0.04	12.57	高	低
煤炭采选业	0.10	0.07	0.62	0.00	低	低
石油天然气	0.04	0.04	0.99	0.01	低	低
其他采掘业	0.28	0.31	0.35	0.01	低	低
食品工业	0.07	0.08	5.58	0.04	低	高
纺织工业	0.08	0.09	2.31	0.11	低	高

续表

部门	相对取水系数（万元产出）	相对取水系数（万元增加值）	相对取水乘数	相对用水结构系数	用水程度判断	潜在用水程度判断
森林工业	0.07	0.08	2.77	0.02	低	高
造纸工业	0.26	0.29	0.44	0.09	低	低
化学工业	0.46	0.64	0.25	0.93	低	低
建材工业	0.11	0.13	0.71	0.05	低	低
冶金工业	0.10	0.16	0.83	0.18	低	低
机械设备工业	0.11	0.14	0.56	0.43	低	高
电子仪器	0.04	0.06	1.04	0.13	低	高
其他制造业	0.09	0.11	1.53	0.01	低	高
电力工业	10.38	11.92	0.05	5.76	高	低
水的生产和供应业	1.55	0.83	0.07	0.06	高	低
建筑业	0.06	0.12	1.20	0.08	低	高
运输邮电业	0.04	0.03	0.60	0.03	低	低
住宿餐饮业	0.06	0.03	0.32	0.05	低	低
批发和零售业	0.46	0.35	0.48	0.09	低	低
其他服务业	0.14	0.08	0.28	0.36	低	低

由于农业、电力工业和水的生产和供应业的用水量远远高于其他行业，采用各行业用水水平与全部行业用水水平对比的方法，容易掩盖其他行业的用水特性，对此对除电力工业和水的生产和供应业之外的一般工业部门进行内部对比，分析一般工业部门的相对用水效率，找出一般工业部门中相对用水程度较高的部门。

根据评价方法，得出一般工业部门的相对取水系数、相对用水结构系数和相对取水乘数，对此判断一般工业部门的用水和潜在用水程度（表4-7）。

一般工业部门中，用水程度较高的部门有：其他采掘业，造纸工业，化学工业，冶金工业；用水程度较低的部门有：煤炭采选业，石油天然气，食品工业，纺织工业，森林工业，建材工业，机械设备工业，电子仪器，其他制造业。

潜在用水程度较高的部门有：食品工业，纺织工业，森林工业，其他制造业；潜在用水程度较低的部门有：煤炭采选业，石油天然气，其他采掘业，造纸工业，化学工业，建材工业，冶金工业，机械设备工业，电子仪器。

表 4-7　江苏省国民经济一般工业部门用水效率评价

一般工业部门	相对取水系数（万元产出）	相对取水系数（万元增加值）	相对用水结构系数	相对取水乘数	用水程度判断	潜在用水程度判断
煤炭采选业	0.71	0.41	0.02	0.45	低	低
石油天然气	0.29	0.25	0.06	0.72	低	低
其他采掘业	1.97	1.73	0.06	0.25	高	低
食品工业	0.52	0.45	0.24	4.04	低	高
纺织工业	0.55	0.49	0.74	1.67	低	高
森林工业	0.52	0.45	0.11	2.00	低	高
造纸工业	1.84	1.59	0.56	0.32	高	低
化学工业	3.29	3.56	6.00	0.18	高	低
建材工业	0.81	0.73	0.34	0.51	低	低
冶金工业	0.68	0.86	1.19	0.60	高	低
机械设备工业	0.76	0.75	2.76	0.40	低	低
电子仪器	0.32	0.32	0.86	0.75	低	低
其他制造业	0.64	0.59	0.06	1.11	低	高

4.3.2　用水效益分析

若要判定某国民经济部门的用水效益，可以对比该部门用水产出水平与经济系统总产出水平，从产出的角度构建各国民经济行业水的产出系数来反映用水效益。

4.3.2.1　用水效益原理分析

国民经济部门的用水效益分析是使用单位立方米水所导致的经济行业产出水平，可采用水的产出系数来反映，主要包括直接产出系数、完全产出系数和产出乘数。

1）直接产出系数

水的直接产出系数可以用单位立方米水产出值和单位立方米水增加值来表示。其含义为某部门的生产中每多用或少用单位立方米水，该行业增加或减少的产出量或增加量，该指标可反映经济部门生产用水的直接经济效益。

第 j 部门单位立方米水产出值的水的直接产出系数 O_j^{wx} 计算公式为

$$O_j^{wx} = X_j / W_j, \quad j=1,2,\cdots,n \tag{4-12}$$

第 j 部门单位立方米水增加值的水的直接产出系数 O_j^{wn} 计算公式为

$$O_j^{wn} = N_j / W_j, \quad j = 1, 2, \cdots, n \tag{4-13}$$

2）完全产出系数

水的完全产出系数也可用单位立方米水产出和单位立方米水增加值来表示。反映的是某一经济部门多用或少用单位立方米水所引起的整个经济系统经济价值量（包括直接价值量和间接价值量）的变化量。完全产出系数是从经济系统角度来评价经济部门用水的效益，包括该经济部门自身的效益和从其他行业所获的间接效益。

第 j 部门单位立方米水产出值的水的完全产出系数 BO_j^{wx} 计算公式为

$$BO_j^{wx} = (I - A)^{-1} O_j^{wx} \tag{4-14}$$

第 j 部门单位立方米水增加值的水的完全产出系数 BO_j^{wn} 计算公式为

$$BO_j^{wn} = BO_j^{wx} \times r_j \tag{4-15}$$

3）产出乘数

某一经济部门产出乘数是该部门水的完全产出系数和水的直接产出系数的比值，表示该经济部门每增加单位取水量所引起的整个经济系统经济产出价值量的增加量，用于反映经济部门用水产出的乘数效应。

第 j 行业水的产出乘数 MO_j^w 计算公式为

$$MO_j^w = BO_j^{wx} / O_j^{wx} = BO_j^{wn} / O_j^{wn} \tag{4-16}$$

4.3.2.2 用水效益评价指标

用水效益评价指标主要有：①用水的相对产出系数；②用水的相对产出乘数。

1）用水的相对产出系数

某一国民经济部门用水的相对产出系数为该部门的产出系数与经济系统平均产出系数的比值。

第 j 行业用水的相对产出系数 RO_j^{wx}（万元产出值）为

$$RO_j^{wx} = O_j^{wx} / O_o^{wx} \tag{4-17}$$

式中，O_o^{wx} 为系统产出值综合平均产出水平值，$O_o^{wx} = \sum_{j=1}^{n} X_j / \sum_{j=1}^{n} W_j$。

第 j 行业用水的相对产出系数 RO_j^{wn}（万元增加值）为

$$RO_j^{wn} = O_j^{wn} / O_0^{wn} \tag{4-18}$$

式中，O_o^{wn} 为系统增加值综合平均产出水平值，$O_o^{wn} = \sum_{j=1}^{n} N_j / \sum_{j=1}^{n} W_j$。

2）用水的相对产出乘数

某一国民经济部门的用水相对产出乘数为该部门用水产出乘数与经济系统平均产出乘数的比值。

第 j 行业用水的相对产出乘数 RMO_j^w 的计算公式为

$$RMO_j^w = MO_j^w / (\sum_{j=1}^{n} MO_j^w / n) \tag{4-19}$$

4.3.2.3 用水效益评价标准

与用水效率评价标准类似，用水效益评价标准如下：

高效用水行业：$RO_j^{wx} \geq 1$；低效用水行业：$RO_j^{wx} < 1$。

潜在高效用水行业：$RMO_j^w \geq 1$；潜在低效用水行业：$RMO_j^w < 1$。

4.3.2.4 用水效益分析

从单位立方米水产出直接产出系数（表 4-8）来看，第一产业单位立方米用水产生的产出为 9.88 元，第二产业平均单位立方米用水产生的产出为 476.74 元，第三产业平均单位立方米用水产生的产出为 1859.44 元。单位立方米水产出直接产出系数较大的部门有石油天然气、运输邮电业、建筑业等；单位立方米水产出直接产出系数较小的部门有农业、电力工业和水的生产和供应业等。

从单位立方米水增加值直接产出系数来看，第一产业单位立方米用水产生的增加值为 5.43 元，第二产业平均单位立方米用水产生的增加值为 124.51 元，第三产业平均单位立方米用水产生的增加值为 1177.76 元。单位立方米水增加值直接产出系数较大的部门有运输邮电业、住宿餐饮业、石油天然气、电子仪器等；单位立方米水增加值直接产出系数较小的部门有电力工业、农业和水的生产和供应业、化学工业等。

从单位立方米水产出完全产出系数来看，第一产业每使用一立方米的用水量，带动整个经济行业产出值为 4386.43 元，其中间接产出值为 4376.55 元；第二产业使用一立方米的用水量，整个经济行业产出值为 6894.73 元，其中间接产出值为 6417.99 元；第三产业每使用一立方米的用水量，整个经济行业产出值为 6366.18 元，其中间接产出值为 4506.74 元。单位立方米水产值万元产出系数较大的行业有石油天然气、冶金工业和电子仪器等；较小的行业有水的生产和供应业、批发零售业、造纸工业等。

从单位立方米水增加值完全产出系数来看,第一产业每增加一立方米的用水量,带动整个经济行业产出增加值为2409.79元,其中间接产出增加值为2404.36元;第二产业每使用一立方米的用水量,整个经济行业产出增加值为1946.78元,其中间接产出增加值为1822.27元;第三产业每使用一立方米的用水量,整个经济行业产出增加值为3908.48元,其中间接产出增加值为2730.72元。单位立方米水增加值完全产出系数较大的行业有石油天然气、其他服务业、运输邮电业、住宿餐饮业等;较小的行业有水的生产与供应业、批发零售业、建筑业等。

从用水的产出乘数来看,第一产业用水产出乘数为443.79,表明农业增加单位立方米用水量,可以使整个经济系统创造的产值是其自身的442.79倍;第二产业平均用水产出乘数为14.43,表明第二产业增加单位立方米用水量,可以使整个经济系统创造的产值约是其自身的13.43倍;第三产业平均用水产出乘数为2.79,表明第三产业增加单位立方米用水量,可以使整个经济系统创造的产值约是其自身的1.79倍。

表4-8 江苏省国民经济用水产出系数

行业	直接产出系数(单位立方米水产出)	直接产出系数(单位立方米水增加值)	完全产出系数(单位立方米水产出)	完全产出系数(单位立方米水增加值)	产出乘数
农业	9.88	5.43	4386.43	2409.79	443.79
煤炭采选业	2324.41	1083.11	4426.49	2062.62	1.90
石油天然气	5729.00	1786.10	19157.14	5972.53	3.34
其他采掘业	841.94	254.96	2725.51	825.34	3.24
食品工业	3215.09	987.57	5767.97	1771.72	1.79
纺织工业	2998.35	898.45	6282.36	1882.50	2.10
森林工业	3178.16	990.62	4876.84	1520.09	1.53
造纸工业	899.49	277.84	2518.41	777.91	2.80
化学工业	504.04	124.07	9496.89	2337.57	18.84
建材工业	2041.46	604.07	4549.34	1346.16	2.23
冶金工业	2443.63	514.26	14357.34	3021.52	5.88
机械设备工业	2176.76	590.36	10522.65	2853.85	4.83
电子仪器	5176.72	1384.01	13566.35	3627.01	2.62
其他制造业	2589.55	744.46	3808.66	1094.95	1.47
电力工业	22.37	6.70	3928.08	1176.35	175.61
水的生产和供应业	150.04	95.94	256.64	164.10	1.71

续表

行业	直接产出系数（单位立方米水产出）	直接产出系数（单位立方米水增加值）	完全产出系数（单位立方米水产出）	完全产出系数（单位立方米水增加值）	产出乘数
建筑业	3900.14	683.62	4075.06	714.28	1.04
运输邮电业	5221.88	2790.01	10173.41	5435.58	1.95
住宿餐饮业	3593.45	2741.06	5817.76	4437.75	1.62
批发和零售业	508.13	231.36	1387.15	631.59	2.73
其他服务业	1667.69	1057.78	8086.41	5129.02	4.85

用水效益较高的行业（表4-9）有：煤炭采选业，石油天然气，其他采掘业，食品工业，纺织工业，森林工业，造纸工业，化学工业，建材工业，冶金工业，机械设备工业，电子仪器，其他制造业，建筑业，运输邮电业，住宿餐饮业，批发零售业和其他服务业；用水效益低的行业有：农业、电力工业和水的生产和供应业。

潜在用水效益高的行业有：农业和电力工业；潜在用水效益较低的行业有：煤炭采选业，石油天然气，其他采掘业，食品工业，纺织工业，森林工业，造纸工业，化学工业，建材工业，冶金工业，机械设备工业，电子仪器，其他制造业，水的生产与供应业，建筑业，运输邮电业，住宿餐饮业，批发零售业和其他服务业。

表4-9 江苏省国民经济行业用水效益评价

部门	相对产出系数（单位立方米水产出）	相对产出系数（单位立方米水增加值）	相对产出乘数	用水效益判断	潜在用水效益判断
农业	0.04	0.07	13.59	低	高
煤炭采选业	10.01	13.57	0.06	高	低
石油天然气	24.67	22.37	0.10	高	低
其他采掘业	3.63	3.19	0.10	高	低
食品工业	13.84	12.37	0.05	高	低
纺织工业	12.91	11.25	0.06	高	低
森林工业	13.68	12.41	0.05	高	低
造纸工业	3.87	3.48	0.09	高	低
化学工业	2.17	1.55	0.58	高	低
建材工业	8.79	7.57	0.07	高	低
冶金工业	10.52	6.44	0.18	高	低

续表

部门	相对产出系数（单位立方米水产出）	相对产出系数（单位立方米水增加值）	相对产出乘数	用水效益判断	潜在用水效益判断
机械设备工业	9.37	7.39	0.15	高	低
电子仪器	22.29	17.34	0.08	高	低
其他制造业	11.15	9.33	0.05	高	低
电力工业	0.10	0.08	5.38	低	高
水的生产和供应业	0.65	1.20	0.05	高	低
建筑业	16.79	8.56	0.03	高	低
运输邮电业	22.48	34.95	0.06	高	低
住宿餐饮业	15.47	34.33	0.05	高	低
批发和零售业	2.19	2.90	0.08	高	低
其他服务业	7.18	13.25	0.15	高	低

为分析一般工业部门的相对用水效益，找出一般工业部门中相对用水效益较高的部门。根据评价方法，得出一般工业部门的相对产出系数和相对产出乘数，对此判断一般工业部门的用水效益和潜在用水效益（表4-10）。

表 4-10 江苏省国民经济一般工业部门用水效益评价

一般工业部门	相对产出系数（单位立方米水产出）	相对产出系数（单位立方米水增加值）	相对产出乘数	用水效益判断	潜在用水效益判断
煤炭采选业	1.40	2.45	0.47	高	低
石油天然气	3.46	4.05	0.83	高	低
其他采掘业	0.51	0.58	0.80	低	低
食品工业	1.94	2.24	0.44	高	低
纺织工业	1.81	2.04	0.52	高	低
森林工业	1.92	2.24	0.38	高	低
造纸工业	0.54	0.63	0.69	低	低
化学工业	0.30	0.28	1.66	低	高
建材工业	1.23	1.37	0.55	高	低
冶金工业	1.48	1.17	1.45	高	高
机械设备工业	1.31	1.34	1.20	高	高
电子仪器	3.13	3.14	0.65	高	低
其他制造业	1.56	1.69	0.36	高	低

在一般工业行业中，用水效益较高的行业有：煤炭采选业，石油天然气，食品工业，纺织工业，森林工业，建材工业，冶金工业，机械设备工业，电子仪器和其他制造业；用水效益较低的行业有：其他采掘业，造纸工业和化工工业。

在一般工业行业中，潜在用水效益较高的行业有：化学工业和冶金工业，机械设备工业；潜在用水效益较低的行业有：煤炭采选业，石油天然气，其他采掘业，食品工业，纺织工业，森林工业，造纸工业，建材工业，电子仪器和其他制造业。

4.4　用水偏差系数分析

4.4.1　产业结构现状分析

产业表示拥有某种相同性质生产活动的集合，也表示拥有某种相同属性的企业的集合。它有三层含义：第一，企业是组成产业的基本元素，没有企业就不会有产业，这是产业的本质；第二，很多同类的企业集合起来，组成特定的产业；第三，组成一定产业的企业具有一定的相同属性，这是国民经济划分产业的基本条件。产业结构表示各个产业内部的组成以及不同产业之间存在的相互关联和比例关系。

本节从三次产业结构的发展趋势来分析江苏省产业结构的现状（表 4-11）。1978 年以来，江苏省的经济发展形势较好，三次产业结构越来越合理，由"二、一、三"转变为"二、三、一"，江苏正积极响应走新型工业化道路的政策。但是在发展过程中仍有一些问题存在，比如产业结构层次较低，2010 年江苏省第三产业增加值占 GDP 的比重只有 41.4%。

表4-11　1985~2013 年江苏省地区生产总值与三次产业增加值比例

年份	GDP/亿元	人均 GDP/元	三次产业增加值占比/%			
			第一产业	第二产业	工业	第三产业
1985	651.82	1053	30.0	52.1	47.2	17.9
1986	744.94	1193	30.1	50.5	45.3	19.4
1987	922.33	1462	26.8	53.5	48.1	19.7
1988	1208.85	1891	26.4	48.5	43.6	25.1
1989	1321.85	2038	24.5	49.7	45.4	25.8
1990	1416.50	2109	25.1	48.9	44.8	26.0
1991	1601.38	2353	21.5	49.6	45.3	28.9
1992	2136.02	3106	18.4	52.4	47.7	29.2

续表

年份	GDP/亿元	人均GDP/元	三次产业增加值占比/%			
			第一产业	第二产业	工业	第三产业
1993	2998.16	4321	16.4	53.3	48.4	30.3
1994	4057.39	5801	16.9	53.9	49.3	29.2
1995	5155.25	7319	16.8	52.7	47.9	30.5
1996	6004.21	8471	16.5	51.2	45.9	32.3
1997	6680.34	9371	15.5	51.1	45.2	33.4
1998	7199.95	10 049	14.5	50.6	43.9	34.9
1999	7697.82	10 695	13.5	50.9	44.0	35.6
2000	8553.69	11 765	12.2	51.9	45.0	35.9
2001	9456.84	12 879	11.6	51.9	45.2	36.5
2002	10 606.85	14 369	10.5	52.8	46.0	36.7
2003	12 442.87	16 743	9.3	54.6	48.3	36.1
2004	15 003.60	20 031	9.1	56.3	50.1	34.6
2005	18 598.69	24 616	7.9	56.6	50.8	35.6
2006	21 742.05	28 526	7.1	56.5	51.0	36.4
2007	26 018.48	33 837	7.0	55.6	50.4	37.4
2008	30 981.98	40 014	6.8	54.8	49.3	38.4
2009	34 457.30	44 253	6.5	53.9	47.8	39.6
2010	41 425.48	52 840	6.1	52.5	46.5	41.4
2011	49 110.27	62 290	6.3	51.3	45.4	42.4
2012	54 058.22	68 347	6.3	50.2	44.2	43.5
2013	59 161.75	75 354	5.8	48.7	42.7	45.5

数据来源：1986~2014年《江苏省统计年鉴》

改革开放以来，江苏省的经济持续高速发展，随之而来的产业结构也产生了相当大的变化，从总的GDP（图4-9）上来看，1985~2013年，江苏按当年价格计算的地区生产总值从651.82亿元增加到59 161.75亿元，增长了90多倍；同时人均地区生产总值从1053元上涨到75 354元，上涨了70多倍；从三产的比例上来看，江苏省三产的结构已经从"二、一、三"转变成了"二、三、一"。表4-11中数据显示1985年第一产业的产值占比在30%左右，到2013年第一产业的比重已经下降到了5%左右，同时第二产业产值的比重变化并不大，一直处于50%左右，说明第二产业的发展较为稳定，其中1985年工业的占比在47.2%，2010年下降为46.5%，下降幅度也非常小；第三产业产值的占比一直处于上升中，正好跟第一产业形成了此消彼长的形势，到2013

年占比增加了 27.6%。三次产业的比例从 1985 年的 30∶52.1∶17.9 转变为 2013 年的 5.8∶48.7∶45.5。

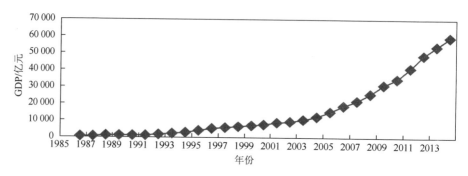

图 4-9　1985～2013 年江苏省 GDP 变动图

图 4-10 更直观地显示了江苏省近 15 年来的三次产业比例的变化情况。1985～2013 年间第一产业产值的平均占比大概是 15.7%，第二、第三产业的值分别是 52.6%和 31.8%。如图所示，从 1985 年以来，第一产业的产值占比呈现出逐渐减小的趋势，第二产业的占比一直是最大的，发展势头强劲，第三产业占比处于逐渐上升中，在 2013 年时到达比重的最大值，1989 年第三产业的占比首次大于第一产业，之后它们之间占比的差距越来越大。江苏的产业结构趋于合理。

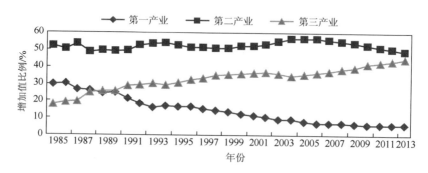

图 4-10　1985～2013 年江苏省三次产业结构变动图

数据来源：1986～2014 年《江苏省统计年鉴》

4.4.2　用水偏差系数分析

产业结构与用水结构之间密切相关，产业结构需求的变动会导致水结构的相应变化。由此引入用水偏差系数（南芳，2010）进一步分析说明产业结构与用水结构之间的内在变化规律。用水偏差系数是指某一时段（一般为一年）两个产业的用水比重差距与同期这两个产业的产值比重差距之比。如果用水偏差系数呈逐渐减小的趋势，则说明产业结构与用水结构趋同，产业结构调整对用水结构调整的作用在逐渐增强，用水结构趋于合理，该指标反映产业用水需求的合理性。计算方法见公式（4-20）：

$$Y = \left| \frac{w_i/W - w_j/W}{r_i/R - r_j/R} \right| \tag{4-20}$$

式中，Y 为用水偏差系数；w_i 和 w_j 为 i 和 j 部门用水量；W 为总用水量；r_i 和 r_j 为 i 和 j 部门 GDP；R 为总 GDP。

从农业和工业用水偏差系数（图 4-11）来看，2002~2007 年，用水偏差系数呈现逐渐减少趋势，农业和工业的产值结构与其用水结构趋同，工业产值增加、农业产值减少对用水结构正向影响增强，用水结构趋于合理。2008~2014 年，用水偏差系数呈现逐渐增加趋势，农业和工业产值结构与其用水结构偏离，用水结构出现不合理现象。从工业和服务业用水偏差系数来看，用水偏差系数呈现逐渐增加趋势，并且 2009~2014 年，增加的幅度不断变大，说明随着服务业和工业产值越来越接近时，用水结构偏离较大，反映出工业和服务业用水结构不够合理，而且不合理程度有加深趋势。从农业和服务业用水偏差系数来看，除了 2002~2004 年略微增加，2004 年后总体呈现下降趋势，说明服务业和农业产值结构与其用水结构趋同，产业结构对用水结构调整增强，用水结构较为合理。结合三个部门两两间的用水偏差系数，用水结构不合理的关键在于工业和服务业，根据三次产业的产值结构，调节工业和服务业用水结构，促进服务业发展至关重要。

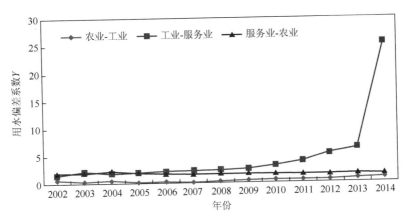

图 4-11 江苏省三次产业用水偏差系数

4.5 本章小结

从 2002~2014 年,江苏省年平均用水量为 519.75 亿 m^3,2003 年达最低点,仅为 421.5 亿 m^3,2003 年后用水总量稳步上升,2011 年达到最大值 556.2 亿 m^3 后开始小幅度回落,2014 年用水量为 480.7 亿 m^3。

生产部门作为三部门(生产、生活、生态)中用水量最大的部门,其用水与总用水量变化趋势保持高度一致,生活用水和生态用水都在 2002~2003 年里出现下降,生态用水于 2012 年达到高点 3.3 亿 m^3 后才缓慢下降,于 2014 年降到 2.7 亿 m^3,而生活用水却一直在增加,于 2014 年达到高点 35.8 亿 m^3。

1997~2010 年间 6 个时间节点,用水结构系统的信息熵整体减小的同时呈现阶段性波动,整体由 1.46 下降为 1.20。该变化表明江苏省用水结构系统整体在向有序趋势发展,但在 2002~2007 年之间呈现小幅度的无序趋势。

通过对一般工业部门用水效率分析,得出用水程度较高的部门有:其他采掘业,造纸工业,化学工业,冶金工业;用水程度较低的部门有:煤炭采选业,石油天然气,食品工业,纺织工业,森林工业,建材工业,机械设备工业,电子仪器,其他制造业;潜在用水程度较高的部门有:食品工业,纺织工业,森林工业,其他制造业;潜在用水程度较低的部门有:煤炭采选业,石油天然气,其他采掘业,造纸工业,化学工业,建材工业,冶金工业,机械设备工业,电子仪器。

通过对一般工业行业用水效益分析,得出用水效益较高的行业有:煤炭采选业,石油天然气,食品工业,纺织工业,森林工业,建材工业,冶金工业,机械设备工业,电子仪器和其他制造业;用水效益较低的行业有:其他采掘业,造纸工业,化工工业;潜在用水效益较高的行业有:化学工业和冶金工业,机械设备工业;潜在用水效益较低的行业有:煤炭采选业,石油天然气,其他采掘业,食品工业,纺织工业,森林工业,造纸工业,建材工业,电子仪器和其他制造业。

产业结构与用水结构之间密切相关,产业结构需求的变动会导致用水结构的相应变化。因此,调整用水结构需要从产业结构角度找出驱动用水变化的因素。

第5章 区域用水结构演变驱动因素分解

为了探求用水变化的机制,本章采用结构分解法从行业层面对用水变化影响因素进行定量化研究。在需水管理视角下选择江苏省产业用水为研究对象,以第3章中1997年、2000年、2002年、2005年、2007年和2010年的考虑用水水平的江苏省可比价投入产出扩展序列表为数据基础,选取 1997~2000 年、2000~2002 年、2002~2005 年、2005~2007 年和 2007~2010 年的五个时段来分解江苏省产业用水量变化值。用水量单位为"亿 m^3",单位产出所直接消耗的用水量以"亿 m^3/万元"表示。分别构建了江苏省产业用水量变化"三因素"结构分解模型(Zhang et al., 2016)和最终需求拉动下江苏省产业用水量变化"六因素"结构分解模型(张玲玲等,2015a)。

5.1 产业用水变动一般分解模型

5.1.1 模型构建

针对目前结构分解模型绝大多数分解都存在着残差项问题(Ang et al., 2000;Boyd et al., 2004),提出一种无残差项的投入产出结构因素分解模型,避免了参数估计的主观性和随意性。运用结构分解模型分析各个产业部门用水量变化的影响因素分为:技术变化(产业用水消耗技术变化、产品技术变化)和最终需求变化。假设 W 为产业部门总用水量,$(I-A)^{-1}$ 为列昂惕夫逆矩阵,简称 L,Y 为最终使用列向量,M 为流入量列向量(包括地区间流入和进口),Q 为单位产出所直接消耗的用水量(即直接用水定额)的列向量,则有

$$W = Q^T(I-A)^{-1}(Y-M) \tag{5-1}$$

式(5-1)表明产业部门用水总量依赖于产业单位用水量、产品中间需求和最终需求。以 0 表示基期,t 表示目标期,则用水量增量 ΔW 为

$$\Delta W = W_t - W_0 = Q_t^T(I-A_t)^{-1}(Y_t-M_t) - Q_0^T(I-A_0)^{-1}(Y_0-M_0) \tag{5-2}$$

上式的分解可以有六种形式:

$$\Delta W = \Delta Q L_0 (Y_t - M_t) + Q_t \Delta L (Y_0 - M_0) + Q_t L_t \Delta Y \tag{5-3}$$

$$\Delta W = \Delta Q L_t (Y_t - M_t) + Q_0 \Delta L (Y_t - M_t) + Q_0 L_0 \Delta Y \tag{5-4}$$

$$\Delta W = \Delta Q L_0 (Y_0 - M_0) + Q_t \Delta L (Y_t - M_t) + Q_t L_0 \Delta Y \qquad (5\text{-}5)$$

$$\Delta W = \Delta Q L_0 (Y_t - M_t) + Q_t \Delta L (Y_t - M_t) + Q_0 L_0 \Delta Y \qquad (5\text{-}6)$$

$$\Delta W = \Delta Q L_t (Y_t - M_t) + Q_0 \Delta L (Y_0 - M_0) + Q_0 L_t \Delta Y \qquad (5\text{-}7)$$

$$\Delta W = \Delta Q L_t (Y_0 - M_0) + Q_0 \Delta L (Y_0 - M_0) + Q_t L_t \Delta Y \qquad (5\text{-}8)$$

ΔW 表示两个时间节点的产业用水总量的差值；$QL\Delta(Y-M)$ 表示在其他条件不变的情况下，产品技术变化导致中间需求调整对产业用水总量变动的影响效应（简称为产业技术效应）；$\Delta QL(Y-M)$ 表示用水强度变化对产业用水总量变动的影响效应（简称为用水强度效应）；$QL\Delta(Y-M)$ 表示最终需求变化对产业用水总量变动的影响效应（简称为最终需求效应）。产业部门用水变化是由各个产业的技术调整、用水强度变化和最终需求变化引起的。在分析时可以任意选取一种分解形式。如果利用这些分解形式计算的结果差异不大则没有问题，但倘若它们之间的变化非常大，则说明问题的产生是由于选择的随机性造成的。

针对目前结构分解模型存在非唯一性的问题，引入一种路径基础法（path based method, PBM），构建具有一般性的分解方程（Miller et al., 1994; Harrison et al., 2000）。首先假设 z 和因素 x_i 的值在初始时间 0 和最终时间 1 之间连续变化，因此有

$$z(t) = x_1(t) x_2(t) \cdots x_n(t) \qquad (5\text{-}9)$$

z 从时间 0 到 1 的微分变化表达式：

$$\mathrm{d}z = \frac{\partial z}{\partial x_1} \mathrm{d}x_1 + \cdots + \frac{\partial z}{\partial x_n} \mathrm{d}x_n \qquad (5\text{-}10)$$

变量 x_i 都是一个时间函数，z 的微分变化可写为

$$\mathrm{d}z = \frac{\partial z}{\partial x_1} \frac{\mathrm{d}x_1}{\mathrm{d}t} \mathrm{d}t + \cdots + \frac{\partial z}{\partial x_n} \frac{\mathrm{d}x_n}{\mathrm{d}t} \mathrm{d}t \qquad (5\text{-}11)$$

z 的总变化为所有微分变化之和为

$$\Delta z = \int_{t=0}^{t=1} \frac{\mathrm{d}z}{\mathrm{d}t} \mathrm{d}t = \int_{t=0}^{t=1} \sum_{i=1}^{n} \frac{\partial z}{\partial x_i} \frac{\mathrm{d}x_i}{\mathrm{d}t} \mathrm{d}t \qquad (5\text{-}12)$$

每个决定因素对 z 的影响可记为

$$\Delta x_i \ \mathrm{effect} = \int_{t=0}^{t=1} \frac{\partial z}{\partial x_i} \frac{\mathrm{d}x_i}{\mathrm{d}t} \mathrm{d}t = \int_{t=0}^{t=1} \prod_{j \neq i}^{n} x_j \frac{\mathrm{d}x_i}{\mathrm{d}t} \mathrm{d}t \qquad (5\text{-}13)$$

因素 x 对时间 t 求导对于这些因素的变化对总变化产生的影响的大小具有重要作用。不同因素的时间路径是由参数 θ 决定的，同时它也决定了分解问题中各个因素的影响。则每个因素的影响写为

$$\Delta x_i \text{ effect} = \int_{t=0}^{t=1} \prod_{j \neq i}^{n} x_j \frac{dx_i}{dt} dt = \left[\prod_{j<i}^{i=1} x_j^0 \right] \Delta x_i \left[\prod_{j>i}^{n} x_j^0 \right]$$

$$+ \sum_{j \neq i}^{n} \left[\frac{\theta_i}{\theta_i + \theta_j} \prod_{k<i}^{i=1} x_k^0 \Delta x_i \prod_{i<k<j}^{j=1} x_k^0 \Delta x_j \prod_{k>j}^{n} x_k^0 \right]$$

$$+ \sum_{j \neq i}^{n} \sum_{l \neq j,i}^{n} \left[\frac{\theta_i}{\theta_i + \theta_j + \theta_l} \prod_{k<i}^{i=1} x_k^0 \Delta x_i \prod_{i<k<j}^{j=1} x_k^0 \Delta x_j \prod_{j<k<l}^{l=1} x_k^0 \Delta x_l \prod_{k>l}^{n} x_k^0 \right]$$

$$+ \cdots + \frac{\theta_i}{\sum_{j=1}^{n} \theta_j} \left[\prod_{j=1}^{n} \Delta x_j \right] \quad (5\text{-}14)$$

Harrison 等提出采用假定变量 x_i 的直线路径的方法解决这一问题，此时 $\theta=1$：

$$x_i(t) = x_i^0 + (x_i^1 - x_i^0)t = x_i^0 + \Delta x_i t \quad (5\text{-}15)$$

如果只有初始时间和终止时间两个时间段的数据，可以假设每个时间路径参数都是相等的（即 $\theta_1 = \theta_2 = \cdots = \theta_n$）：

$$\Delta x_i \text{ effect} = \int_{t=0}^{t=1} \prod_{j \neq i}^{n} x_j \frac{dx_i}{dt} dt = \left[\prod_{j<i}^{i=1} x_j^0 \right] \Delta x_i \left[\prod_{j>i}^{n} x_j^0 \right]$$

$$+ \sum_{j \neq i}^{n} \left[\frac{1}{2} \prod_{k<i}^{i=1} x_k^0 \Delta x_i \prod_{i<k<j}^{j=1} x_k^0 \Delta x_j \prod_{k>j}^{n} x_k^0 \right]$$

$$+ \sum_{j \neq i}^{n} \sum_{l \neq j,i}^{n} \left[\frac{1}{3} \prod_{k<i}^{i=1} x_k^0 \Delta x_i \prod_{i<k<j}^{j=1} x_k^0 \Delta x_j \prod_{j<k<l}^{l=1} x_k^0 \Delta x_l \prod_{k>l}^{n} x_k^0 \right]$$

$$+ \cdots + \frac{1}{n} \left[\prod_{j=1}^{n} \Delta x_j \right] \quad (5\text{-}16)$$

利用 PBM 方法中的直线路径法对江苏省产业用水变动分解模型进行分析，在不考虑其他额外信息的情况下，即设对所有的因素取平均交互项：

$$\Delta Q \text{ effect} = \Delta Q L_0 Y_0 + \frac{1}{2} \Delta Q \Delta L Y_0 + \frac{1}{2} \Delta Q L_0 \Delta Y + \frac{1}{3} \Delta Q \Delta L \Delta Y \quad (5\text{-}17)$$

$$\Delta L \text{ effect} = Q_0 \Delta L Y_0 + \frac{1}{2} \Delta Q \Delta L Y + \frac{1}{2} Q_0 \Delta L \Delta Y + \frac{1}{3} \Delta Q \Delta L \Delta Y \quad (5\text{-}18)$$

$$\Delta Y \text{ effect} = Q_0 L_0 \Delta Y + \frac{1}{2} \Delta Q L_0 \Delta Y + \frac{1}{2} Q_0 \Delta L \Delta Y + \frac{1}{3} \Delta Q \Delta L \Delta Y \quad (5\text{-}19)$$

同理，若将 $Y-M$ 表示为 Y'，$\hat{Y}'$ 表示行业部门向量的 $n \times n$ 阶对角化矩阵，可得到产业用水变动的行业分解式。

5.1.2 总体产业用水变化分解特征

根据上述分解方法和整理的数据,分别计算了 1997～2007 年间的 5 个时间段的产业技术效应、用水强度效应和最终需求效应,见图 5-1。

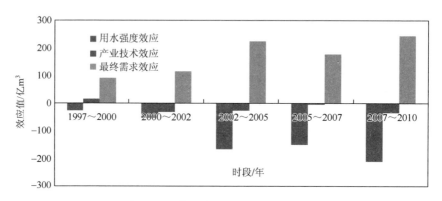

图 5-1 江苏省产业用水变化因素分解

1997～2000 年间产业用水量增长 82.59 亿 m^3,其中,由于产业技术效应导致产业用水量增加 15.78 亿 m^3,用水强度导致产业用水量减少 26.39 亿 m^3,最终需求效应导致产业用水量增加 93.21 亿 m^3。

2000～2002 年间产业用水量增长 36.09 亿 m^3,其中,由于产业技术效应导致产业用水量减少 29.15 亿 m^3,用水强度导致产业用水量减少 52.60 亿 m^3,最终需求效应导致产业用水量增加 117.84 亿 m^3。

2002～2005 年间产业用水量增长 34.33 亿 m^3,其中,由于产业技术效应导致产业用水量减少 24.72 亿 m^3,用水强度导致产业用水量减少 165.63 亿 m^3,最终需求效应导致产业用水量增加 226.39 亿 m^3。

2005～2007 年间产业用水量增长 25.66 亿 m^3,其中,由于产业技术效应导致产业用水量减少 2.35 亿 m^3,用水强度导致产业用水量减少 149.98 亿 m^3,最终需求效应导致产业用水量增加 178.19 亿 m^3。

2007～2010 年间产业用水量增加 5.13 亿 m^3,其中,由于产业技术效应导致产业用水量减少 31.49 亿 m^3,用水强度导致产业用水量减少 210.31 亿 m^3,最终需求效应导致产业用水量增加 246.93 亿 m^3。

分解结果表明,最终需求效应是导致江苏省产业用水增长的原因,但自 2002 年以来其作用在逐渐减小,而产业技术效应和用水强度效应组成的技术效应是江苏省产业用水减少的关键因素,所占比例大幅度增加。其中,产业技术效应所起的作用越来越小，表明产业结构逐步完善，未来的节水空间有限；用水强度效应对遏制产业用水量增加所起的作用愈发显著，表明自1997~2010年间的5个时间段里用水技术不断进步，节水作用突出。以用水第一大户——农业部门节水技术为例，2002~2005年江苏省农田灌溉用水减少了23.87亿 m^3，也间接验证了节水技术提高导致用水强度效应的抑制作用越来越强。

5.1.3 三产用水变化分解特征

为进一步了解江苏省用水结构变动，将用水总量细分为"三产"用水量进行分析，分别计算了第一产业、第二产业和第三产业的产业技术效应、用水强度效应和最终需求效应，见图5-2、图5-3、图5-4和图5-5。

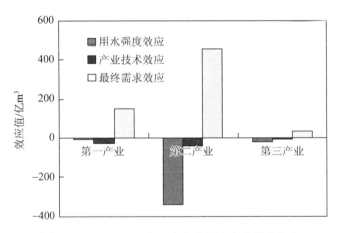

图 5-2　1997~2010 年三大产业用水变动影响效应

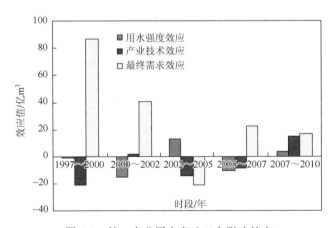

图 5-3　第一产业用水变动三大影响效应

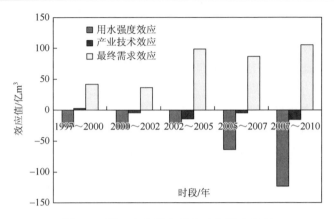

图 5-4　第二产业用水变动三大影响效应

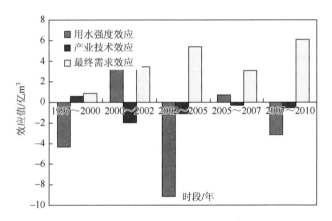

图 5-5　第三产业用水变动三大影响效应

从 1997~2010 年的时间跨度看，第一产业用水量变化的最主要的影响因素是最终需求效应，其拉动用水的贡献率达到了 80.3%；其次为产业技术效应和用水强度效应，其抑制用水的贡献率分别为 15.3%和 4.3%。第二产业用水量变化的最主要影响因素是最终需求的增加，其拉动用水的贡献率占 54.1%；其次为用水强度效应和产业技术效应，其抑制用水的贡献率分别为 40.9%和 5.0%。第三产业用水量变化的最主要影响因素是最终需求的变化，其拉动用水的贡献率为 52.7%；其次为用水强度和产业技术效应，贡献率分别占 37.2%和 10.1%。

第一产业用水增加量呈下降趋势，1997~2000 年间用水量增加了 66.22 亿 m^3，而 2007~2010 年间用水量减少了 9.92 亿 m^3。从五个时段看，最终需求的影响在稳步降低，这是由于第一产业增加值变化不大，且占 GDP 比例逐年减少。以农业为主的第一产业用水受降雨等不确定性因素较大，因而产业技术效应和用水强度效应对用水影响具有一定的波动性。

第二产业用水增加量呈下降趋势,由第一阶段的 100.97 亿 m³ 下降到第五阶段的 104.41 亿 m³。最终需求效应对用水拉动有稳步增大的趋势,这是由于第二产业增加值逐年增加,且占 GDP 比例逐年增大;用水强度效应对用水的抑制作用稳步增大,这源自节水技术的应用与推广;产业技术效应对用水的抑制作用渐趋稳定,表明生产技术的不断改进,产业结构渐趋合理。

第三产业用水增加量呈上升趋势,由第一阶段的 0.70 亿 m³ 上升到第五阶段的 2.78 亿 m³。从五个不同阶段看,最终需求效应对用水拉动整体呈现上升趋势,自 1997~2000 年该效应驱动小,第三产业发展速度较缓,随着第三产业增加值不断增大,该效应对用水拉动作用明显。目前由于第三产业用水量占总用水量基数较小(2010 年江苏省总用水量为 552.2 亿 m³,第三产业用水占总用水比例为 2.35%),产业技术效应对用水变化影响幅度较小。用水强度效应对用水变化总体抑制作用明显,但存在小幅度波动,表明现有第三产业发展以降低万元产值用水量为导向,如果新增行业用水量较大,其效应超过目前的节水技术效应,则会呈现小幅的拉动效应。

5.1.4 国民经济各部门用水变动分解特征

为更好地分析技术效应和最终需求效应对江苏省产业用水利用变化产生的影响,从国民经济各部门角度进一步进行分析,因素分解结果见表 5-1。

表 5-1　1997~2010 年国民经济各部门用水量变化因素分解表　(单位:亿 m³)

部门编号	1997~2010 年			1997~2000 年			2000~2002 年		
	用水强度效应	产业技术效应	最终需求效应	用水强度效应	产业技术效应	最终需求效应	用水强度效应	产业技术效应	最终需求效应
1	-8.09	-28.59	149.78	-0.18	-20.61	87.11	-14.72	1.94	40.56
2	-0.22	0.09	-0.04	-0.05	-0.01	0.10	-0.28	0.01	0.01
3	-4.67	-1.62	5.06	-0.62	-0.11	0.97	-0.62	-0.06	0.03
4	-0.08	0.15	-0.15	-0.10	-0.03	0.34	2.68	0.20	-2.23
5	-7.88	-1.96	6.37	-0.34	-0.13	1.44	-4.59	0.75	-0.60
6	-21.62	-2.87	18.50	2.94	0.76	2.23	-13.48	0.68	2.40
7	-72.23	-76.12	147.49	-0.37	-5.97	6.76	-1.53	-1.64	2.36
8	-8.41	-4.14	12.02	-0.13	-0.69	1.67	-3.32	-0.60	0.91
9	-18.02	-1.60	32.19	-1.02	-1.17	5.22	-8.01	0.15	3.87
10	-6.03	-3.79	8.51	-0.05	0.99	0.03	-0.25	-2.32	1.53
11	-29.11	-5.29	31.87	-0.38	-1.46	4.99	-6.58	-2.00	5.93

续表

部门编号	1997~2010 年			1997~2000 年			2000~2002 年		
	用水强度效应	产业技术效应	最终需求效应	用水强度效应	产业技术效应	最终需求效应	用水强度效应	产业技术效应	最终需求效应
12	−80.86	−47.53	128.64	−0.35	−2.70	6.87	−8.25	−3.90	5.81
13	−58.50	−32.00	91.85	−0.24	−1.47	2.56	−2.01	−0.21	3.98
14	−0.32	0.20	−0.15	0.07	0.04	0.06	−0.01	0.10	−0.28
15	−127.88	0.26	200.82	−14.19	92.47	−80.14	−2.79	−124.23	152.46
16	−3.55	−0.12	1.83	0.08	−0.18	0.92	8.20	3.26	−2.39
17	−2.33	1.71	0.99	−0.85	0.20	0.28	0.01	0.07	0.06
18	−2.51	−0.41	3.10	−0.43	−0.07	0.30	0.02	0.06	−0.06
19	−3.48	−2.10	5.41	−0.88	−0.20	0.57	1.74	−0.44	0.63
20	−0.07	−0.30	2.14	−0.30	−0.02	0.15	−0.14	−0.12	0.38
21	−14.79	−2.51	18.64	−2.49	1.32	−0.95	2.04	−2.15	3.11

部门编号	2002~2005 年			2005~2007 年			2007~2010 年		
	用水强度效应	产业技术效应	最终需求效应	用水强度效应	产业技术效应	最终需求效应	用水强度效应	产业技术效应	最终需求效应
1	13.20	−14.45	−20.65	−10.22	−8.09	23.11	3.76	15.30	17.05
2	0.00	0.01	−0.01	0.20	0.00	0.02	−0.15	0.01	0.00
3	1.06	0.26	0.66	−2.73	−0.48	0.83	−0.58	−0.27	0.44
4	−0.18	0.24	−0.18	−0.82	0.19	0.14	−0.40	0.00	0.06
5	−0.29	−0.63	0.64	0.91	0.25	0.11	−1.51	−0.20	0.71
6	−1.52	−1.18	2.66	0.91	0.58	1.33	−5.19	−1.26	2.15
7	−0.30	−0.88	1.20	−0.56	0.56	−0.11	−0.82	−0.40	0.85
8	−0.15	−0.16	0.41	2.85	0.06	0.71	−3.22	−0.17	1.31
9	−0.27	1.04	2.75	−2.95	−1.08	6.21	3.44	−0.17	4.55
10	−0.76	−1.98	2.16	−0.59	0.65	0.20	−2.07	−0.28	1.44
11	−0.03	−0.18	5.41	−7.34	1.39	3.85	−7.61	−0.76	2.25
12	−3.53	−5.38	11.78	−8.53	0.42	3.91	−1.36	−1.34	6.80
13	−5.00	−2.79	10.62	−4.58	−1.79	4.52	−4.86	−0.25	2.88
14	−0.01	0.03	−0.31	−0.29	−0.29	0.79	−0.11	0.31	−0.38
15	−14.21	40.57	30.27	−7.98	−37.17	64.55	−88.85	−14.22	76.66
16	−0.40	0.22	−9.27	−1.78	0.18	0.17	−5.49	−1.53	6.15
17	0.01	0.39	−0.01	−0.02	−0.02	0.24	−1.00	0.78	0.21
18	−0.20	−0.10	0.48	0.16	−0.04	0.28	−0.83	−0.05	0.65
19	−2.97	−0.85	1.59	0.05	−0.01	0.09	0.02	0.00	0.50
20	0.09	0.18	−0.07	1.07	−0.03	0.30	−0.12	−0.37	0.77
21	−5.96	−0.11	3.10	−0.84	−0.30	2.72	−1.58	−0.39	3.82

以 1997～2010 年整个时间跨度为例，产业技术效应对大部分国民经济部门用水起到抑制作用，除煤炭采选业、其他采掘业、其他制造业、电力工业、建筑业以外；相比产业技术效应，用水强度效应起到更大的用水抑制作用，表明用水强度效应是抑制产业用水增加的关键因素；最终需求效应是导致国民经济各部门用水量增加的主要因素，除其他采掘业、其他制造业以外，其贡献率普遍高于产业技术效应和用水强度效应，这也是国民经济各部门用水量增加导致水资源短缺的主要原因。

为了便于更直观的分析，避免对各个部门进行逐一分析的烦琐，对三种效应采用模糊 C 均值聚类法，将 21 个国民经济部门按强、中、弱驱动进行聚类，见表 5-2。

表 5-2 国民经济各部门三种效应驱动强度聚类表

分解效应	驱动强度	部门编号
产业技术效应	强驱动	1
	中驱动	2～14，16～21
	弱驱动	15
用水强度效应	强驱动	1，6，11，12，15
	中驱动	3，9，13，17，21
	弱驱动	2，4，5，7，8，10，14，16，18～20
最终需求效应	强驱动	15
	中驱动	1，7，9，11～13，21
	弱驱动	2～6，8，10，14，16～20

在产业技术效应中，农业部门是强驱动的部门，这也表明近年来农业科技进步和发展取得良好的成果，投入产出率大大提高，对用水的需求量起到关键的抑制作用；电力行业是弱驱动部门，由于其行业的特殊性，加上其用水需求量大，该部门的中间产品技术改变对用水量的增加起促进作用；除农业和电力行业以外的 19 个部门为中驱动部门，随着产业技术的不断提高，对应部门用水量的增加在一定程度上起到了抑制作用。

在用水强度效应中，农业、纺织工业、冶金工业、机械设备工业、电力工业为强驱动部门，部门的节水技术对用水量增加起到了关键的抑制作用，特别是农业、纺织业等高耗水行业，节水技术的改进尤为重要；石油天然气、化学工业、电子仪器、建筑业、其他服务业为中驱动部门，节水技术的进步对用水量起到主要的抑制作用；而其他的行业为弱驱动部门，用水强度效应对该部门用水量的增加起到了一定的抑制作用。

在最终需求效应中，电力行业是强驱动部门，最终需求的变化对电力行业用水量增加起到了关键的拉动作用，是电力行业用水量增加的最主要原因；农业、森林工业、化学工业、冶金工业、机械设备工业、电子仪器、其他服务业是中驱动部门，最终需求效应是部门用水量增加主要的拉动效应；其他行业为弱驱动部门，最终需求效应对部门用水起到一定的拉动作用。

基于考虑用水水平的可比价投入产出序列表，运用投入产出分析的结构分解方法，剖析了驱动江苏省产业用水变动的影响因素，得到以下研究结果和启示：

(1) 1997~2010年最终需求效应对产业用水变动的影响最大，对产业用水变化具有拉动效应，产业技术效应和用水强度效应对产业用水变化具有抑制效应，经济发展对水资源的拉动效应大于技术变化对水资源的抑制效应，所以呈现用水量逐年增加趋势。从而得到启示，如果经济发展对用水的拉动效应等于或小于技术进步对用水的抑制效应，即技术进步与经济发展对用水变化实现制衡，将有助于实现"最严格水资源管理制度"的"用水总量控制红线"。

(2) 最终需求效应对第二、三产业用水的拉动作用越来越大，其用水量将不断增加，同时需要保障粮食安全，保证第一产业用水不能减少，这就需要从生产技术和节水技术抑制用水增长。

(3) 在国民经济各部门中，除农业和电力工业以外的其他部门都为产业技术效应中驱动部门，表明产业技术效应对大多部门用水起到的一般的抑制作用；用水强度效应中强驱动和中驱动部门占总部门的一半，表明用水强度效应所起抑制作用越来越大；最终需求效应中只有电力部门为强驱动部门，而大部分部门为弱驱动部门，表明最终需求效应所起的拉动作用越来越小。

5.2 最终需求拉动下的六因素分解模型

5.2.1 模型构建

为度量最终需求对产业用水变动的拉动作用，本书在产业用水变动一般分解模型的基础上将最终需求Y进一步分解，考察出口等因素对产业用水的影响程度：

$$Y = Y_d + E_x \tag{5-20}$$

式中，Y_d为国内最终需求矩阵（包括居民消费、政府消费、固定资本形成、存货增加）；E_x为出口量，则最终需求可以拆解为国内需求和出口两部分：

$$\Delta Y = \Delta Y_d + \Delta E_x \tag{5-21}$$

$$= \left(Y_d^t - Y_d^t \frac{\sum_i Y_{di}^0}{\sum_i Y_{di}^t} \right) + \left(Y_d^t \frac{\sum_i Y_{di}^0}{\sum_i Y_{di}^t} - Y_d^0 \right)$$

$$+ \left(E_x^t - E_x^t \frac{\sum_i E_{xi}^0}{\sum_i E_{xi}^t} \right) + \left(E_x^t \frac{\sum_i E_{xi}^0}{\sum_i E_{xi}^t} - E_x^0 \right) \tag{5-22}$$

定义 $\dfrac{\sum_i Y_{di}^0}{\sum_i Y_{di}^t} = Y_d^{t0}$、$E_x^t \dfrac{\sum_i E_{xi}^0}{\sum_i E_{xi}^t} = E_x^{t0}$，表示以基年国内最终需求与出口总值为控制数，比例为 t 年最终需求与出口比例，将最终需求分解为 4 个影响因素，分别表示为国内最终需求成长效应、国内最终需求结构效应、出口成长效应、出口结构效应，其表达式分别见式（5-23）～式（5-26）：

$$\Delta W_Y = Q_0^{\mathrm{T}} L_0 (Y_d^t - Y_d^{t0}) \quad \text{（国内最终需求成长效应）} \quad (5\text{-}23)$$
$$+ Q_0^{\mathrm{T}} L_0 (Y_d^{t0} - Y_d^0) \quad \text{（国内最终需求结构效应）} \quad (5\text{-}24)$$
$$+ Q_0^{\mathrm{T}} L_0 (E_x^t - E_x^{t0}) \quad \text{（出口成长效应）} \quad (5\text{-}25)$$
$$+ Q_0^{\mathrm{T}} L_0 (E_x^{t0} - E_x^0) \quad \text{（出口结构效应）} \quad (5\text{-}26)$$
$$= \Delta W_{D1} + \Delta W_{D2} + \Delta W_{E1} + \Delta W_{E2} \quad (5\text{-}27)$$

式中，ΔW_Y 为最终需求拉动下产业用水量的变化值；ΔW_{D1} 为国内最终需求成长效应驱动的产业用水量变化值；ΔW_{D2} 为国内最终需求结构效应驱动的产业用水量变化值；ΔW_{E1} 为出口成长效应驱动的产业用水量变化值；ΔW_{E2} 为出口结构效应驱动的产业用水量变化值。

据此，构建出最终需求拉动下的产业用水变动的六因素分解模型。各项分解效应的值若为正，则说明该效应对产业水资源利用起到拉动作用，即消耗水资源；分解效应若为负，则说明该效应对产业水资源利用起到抑制作用，即对节水有贡献。

5.2.2 总体产业用水变化分解特征

结合数据的可获取性和研究目标，以江苏省投入产出表为数据基础，选取 1997～2000 年、2000～2002 年、2002～2005 年、2005～2007 年和 2007～2010 年的五个时段来分解江苏省产业用水量变化值。用水量单位为"亿 m^3"，价值型单位为万元，单位产出所直接消耗的用水量以"亿 m^3/万元产值"表示。

根据上述分解方法和整理的数据，分别计算了 1997～2010 年的五个时间段的产业技术效应、用水强度效应和国内最终需求成长效应和出口成长效应，由于以整体产业为分析对象，此时国内最终需求结构效应和出口结构效应都为零。计算结果见表 5-3 和图 5-6。

1997～2000 年产业用水量增加 82.59 亿 m^3，其中，由于产业技术效应导致产业用水量增加 15.78 亿 m^3，用水强度导致产业用水量减少 26.39 亿 m^3，国内最终需求成长效应导致产业用水量增加 54.26 亿 m^3，出口成长效应导致产业用水增加 38.94 亿 m^3。

2000～2002 年产业用水量增加 36.09 亿 m^3，其中，由于产业技术效应导致产业用水量减少 29.15 亿 m^3，用水强度导致产业用水量减少 52.60 亿 m^3，国内最终需求成长效应导致产业用水量增加 274.66 亿 m^3，出口成长效应导致产业用水减少 156.82 亿 m^3。

2002~2005 年产业用水量增加 36.03 亿 m³，其中，由于产业技术效应导致产业用水量减少 24.73 亿 m³，用水强度导致产业用水量减少 165.63 亿 m³，国内最终需求成长效应导致产业用水量增加 97.98 亿 m³，出口成长效应导致产业用水增加 128.41 亿 m³。

2005~2007 年产业用水量增加 25.86 亿 m³，其中，由于产业技术效应导致产业用水量减少 2.35 亿 m³，用水强度导致产业用水量减少 149.98 亿 m³，国内最终需求成长效应导致产业用水量增加 54.23 亿 m³，出口成长效应导致产业用水增加 123.96 亿 m³。

2007~2010 年产业用水量增加 5.13 亿 m³，其中，由于产业技术效应导致产业用水量减少 31.49 亿 m³，用水强度导致产业用水量减少 156.13 亿 m³，国内最终需求成长效应导致产业用水量增加 191.95 亿 m³，出口成长效应导致产业用水增加 90.80 亿 m³。

分解结果表明，国内最终需求成长效应和出口成长效应是拉动江苏省产业用水增加的主要原因。其中国内最终需求成长效应的贡献率呈波浪趋势，2000~2002 年和 2007~2010 年两个时间段的国内需求成长拉动效应特别突出，这跟国家的经济政策导向相关；出口成长效应的拉动作用整体呈上升趋势。产业技术效应和用水强度效应是拉动江苏省产业用水减少的主要因素。其中产业技术效应所起的作用越来越小，表明产业技术进步已接近饱和程度，进步空间有限；相反用水强度效应所占比例大幅度增加，表明自 1997~2010 年间的五个时间段里用水技术不断进步，节水作用突出。

表 5-3 1997~2010 年产业用水量变化因素分解效应表　　（单位：亿 m³）

用水量变化因素	1997~2000 年	2000~2002 年	2002~2005 年	2005~2007 年	2007~2010 年
产业技术效应	−26.39	−52.60	−165.63	−149.98	−210.31
用水强度效应	15.78	−29.15	−24.73	−2.35	−31.49
国内最终需求成长效应	54.26	274.66	97.98	54.23	156.13
出口成长效应	38.94	−156.82	128.41	123.96	90.80

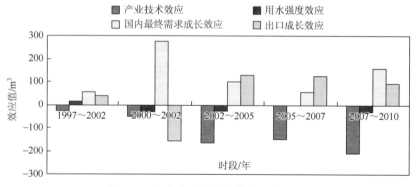

图 5-6 江苏省产业用水变化因素分解

5.2.3 三产用水变化分解特征

为进一步了解江苏省用水结构变动,将用水总量细分为"三产"用水量进行分析,分别计算了第一产业、第二产业和第三产业的六大影响因素效应值,结果见表5-4。

表5-4　1997～2010年三产用水量变化因素分解效应表　（单位：亿 m³）

时段	产业	ΔW_L	ΔW_Q	ΔW_{D1}	ΔW_{D2}	ΔW_{E1}	ΔW_{E2}	ΔW
1997～2010	第一产业	−8.09	−28.59	2717.98	−2412.54	751.58	−907.24	113.10
	第二产业	−342.72	−41.74	172.77	0.66	308.15	−27.64	69.47
	第三产业	−21.31	−5.77	28.79	1.70	1.39	−1.66	3.13
1997～2000	第一产业	−0.18	−20.61	64.07	7.32	14.57	1.14	66.32
	第二产业	−26.13	3.49	18.49	4.76	17.90	0.76	19.27
	第三产业	−4.39	0.53	2.69	−2.19	0.71	−0.35	−3.00
2000～2002	第一产业	−14.72	1.94	−8.50	32.25	0.61	16.20	27.78
	第二产业	−29.56	−3.48	60.92	−3.44	−51.70	30.50	3.24
	第三产业	3.64	−2.00	2.68	2.72	−0.19	−1.78	5.07
2002～2005	第一产业	13.20	−14.45	−41.78	22.39	−4.90	3.64	−21.9
	第二产业	−20.97	−14.55	36.32	−20.50	87.36	−4.89	62.77
	第三产业	−9.12	−1.15	2.59	1.73	0.71	0.40	−4.84
2005～2007	第一产业	−10.22	−8.09	14.87	−8.51	9.14	7.61	4.8
	第二产业	−64.62	−3.88	15.10	8.34	57.30	5.36	17.6
	第三产业	0.67	−0.25	−11.19	8.87	−1.52	6.88	3.46
2007～2010	第一产业	3.76	15.30	−30.53	38.37	−4.43	13.64	36.10
	第二产业	−122.92	−15.59	51.13	3.93	47.88	2.17	−33.40
	第三产业	−3.13	−0.55	6.41	−0.22	0.16	−0.24	2.43

第一产业用水增加量呈下降趋势,1997～2000年间用水量增加了66.22亿 m³,而2007～2010年间用水量增加了36.10亿 m³,增幅大幅度减小。从1997～2010年的大区跨度看,拉动第一产业用水量增加的影响因素包括:国内最终需求成长效应、出口成长效应;抑制第一产业用水增加的影响因素包括:国内最终需求结构效应、出口结构效应、产业技术效应、用水强度效应。但从四个不同阶段看,四个细分影响因素组成的最终需求效应的整体影响在稳步降低,产业技术效应整体

呈下降趋势,用水强度效应呈波动状,三种影响因素之间的差距在减弱。

第二产业用水增加量呈下降趋势,由第一阶段的 100.97 亿 m^3 下降到第五阶段的 -33.40 亿 m^3。从大区跨度看,拉动第二产业用水量增加的主要影响因素包括:出口成长效应、国内最终需求成长效应、出口结构效应;抑制第二产业用水量增加的主要影响因素包括:用水强度效应、产业技术效应、国内最终需求结构效应。但从四个不同阶段看,四个细分影响因素组成的最终需求效应和用水强度效应有稳步增大的趋势,而产业技术效应变化不大,三者影响因素对第二产业用水量的影响贡献率差异在逐渐加大。

第三产业用水增加量呈上升趋势,由第一阶段的 0.70 亿 m^3 上升到 2.43 亿 m^3。从大区跨度看,导致第三产业用水量增加的主要影响因素包括:国内最终需求成长效应、国内最终需求结构效应、出口成长效应、产业技术效应。抑制第三产业用水量增加的主要因素包括:用水强度效应、出口结构效应。从四个不同阶段看,四个细分影响因素组成的最终需求效应呈先增后减的趋势,用水强度效应在前三个阶段均为影响第三产业用水量变化的最主要原因,其变化趋势浮动较大,而产业技术效应由加剧用水量增加到抑制用水量增加的趋势。

5.2.4 国民经济各部门用水变动分解特征

为更好地分析技术效应和最终需求效应对江苏省产业用水利用变化产生的影响,从国民经济各部门角度进一步进行分析,因素分解结果见表 5-5。

表 5-5 1997~2010 年国民经济各部门用水量变化因素分解表 (单位:亿 m^3)

部门编号	1997~2010 年						1997~2000 年					
	ΔW_L	ΔW_Q	ΔW_{D1}	ΔW_{D2}	ΔW_{E1}	ΔW_{E2}	ΔW_L	ΔW_Q	ΔW_{D1}	ΔW_{D2}	ΔW_{E1}	ΔW_{E2}
1	-8.09	-28.59	2717.98	-2412.54	751.58	-907.24	-0.18	-20.61	64.07	7.32	14.57	1.14
2	-0.22	0.09	0.04	-0.04	0.01	-0.04	-0.05	-0.01	0.04	0.03	0.02	0.01
3	-4.67	-1.62	4.24	0.42	1.42	-1.01	-0.62	-0.11	0.20	0.09	0.30	0.37
4	-0.08	0.15	-0.01	0.05	-0.23	0.03	-0.10	-0.03	0.09	0.08	0.08	0.09
5	-7.88	-1.96	7.81	-1.94	2.05	-1.54	-0.34	-0.13	1.62	-0.71	0.59	-0.06
6	-21.62	-2.87	8.01	0.46	15.78	-5.75	2.94	0.76	0.47	-0.14	1.79	0.12
7	-72.23	-76.12	47.55	2.04	99.34	-1.44	-0.37	-5.97	2.70	0.42	2.58	1.06
8	-8.41	-4.14	0.76	-0.69	13.60	-1.64	-0.13	-0.69	0.42	0.02	1.10	0.12
9	-18.02	-1.60	3.07	-1.19	39.06	-8.75	-1.02	-1.17	0.64	0.17	3.12	1.30
10	-6.03	-3.79	-2.69	7.32	-13.47	17.36	-0.05	0.99	0.02	0.00	0.03	-0.01
11	-29.11	-5.29	6.27	1.09	35.94	-11.43	-0.38	-1.46	0.75	0.32	12.55	-8.63

续表

部门编号	1997~2010年						1997~2000年					
	ΔW_L	ΔW_Q	ΔW_{D1}	ΔW_{D2}	ΔW_{E1}	ΔW_{E2}	ΔW_L	ΔW_Q	ΔW_{D1}	ΔW_{D2}	ΔW_{E1}	ΔW_{E2}
12	−80.86	−47.53	53.29	5.45	73.21	−3.31	−0.35	−2.70	2.74	1.58	2.36	0.20
13	−58.50	−32.00	9.10	1.32	75.36	6.07	−0.24	−1.47	0.62	0.23	1.11	0.60
14	−0.32	0.20	−0.58	0.15	−0.48	0.75	0.07	0.04	0.08	−0.02	0.14	−0.14
15	−127.88	0.26	166.87	16.62	17.63	−0.30	−14.19	92.47	−603.29	497.25	−34.79	60.70
16	−3.55	−0.12	2.88	−0.75	0.00	−0.30	0.08	−0.18	2.02	−1.24	0.31	−0.17
17	−2.33	1.71	0.98	−0.05	0.08	−0.02	−0.85	0.20	0.20	0.08	0.01	−0.01
18	−2.51	−0.41	2.12	0.38	0.81	−0.20	−0.43	−0.07	0.09	0.04	0.12	0.04
19	−3.48	−2.10	4.42	0.92	0.65	−0.58	−0.88	−0.20	0.15	0.04	0.33	0.05
20	−0.07	−0.30	2.91	−0.24	0.08	−0.60	−0.30	−0.02	0.11	0.00	0.05	−0.01
21	−14.79	−2.51	18.72	0.40	0.12	−0.61	−2.49	1.32	15.96	−15.56	1.50	−2.84

部门编号	2000~2002年						2002~2005年					
	ΔW_L	ΔW_Q	ΔW_{D1}	ΔW_{D2}	ΔW_{E1}	ΔW_{E2}	ΔW_L	ΔW_Q	ΔW_{D1}	ΔW_{D2}	ΔW_{E1}	ΔW_{E2}
1	−14.72	1.94	−8.50	32.25	0.61	16.20	13.20	−14.45	−41.78	22.39	−4.90	3.64
2	−0.28	0.01	0.00	0.01	0.00	0.00	0.00	0.01	0.00	0.00	0.00	0.00
3	−0.62	−0.06	0.00	0.00	−0.01	0.05	1.06	0.26	0.30	0.34	0.37	−0.35
4	2.68	0.20	0.42	−1.01	−0.24	−1.41	−0.18	0.24	0.00	0.03	−0.12	−0.09
5	−4.59	0.75	−1.04	−0.22	0.23	0.43	−0.29	−0.63	−0.63	1.09	−0.20	0.38
6	−13.48	0.68	1.56	0.08	−5.60	6.36	−1.52	−1.18	1.02	−0.24	5.50	−3.61
7	−1.53	−1.64	1.96	−0.20	−1.86	2.46	−0.30	−0.88	0.19	−0.59	1.37	0.22
8	−3.32	−0.60	0.51	0.26	−1.12	1.26	−0.15	−0.16	0.14	0.10	0.29	−0.12
9	−8.01	0.15	−0.19	0.35	0.63	3.08	−0.27	1.04	1.69	1.31	3.33	−3.57
10	−0.25	−2.32	−0.14	0.19	0.05	1.43	−0.76	−1.98	5.85	−4.84	4.11	−2.96
11	−6.58	−2.00	7.54	29.32	−10.86	−20.07	−0.03	−0.18	3.08	−1.12	7.62	−4.17
12	−8.25	−3.90	−8.33	4.29	5.80	4.04	−3.53	−5.38	1.92	0.38	6.27	3.20
13	−2.01	−0.21	0.20	0.18	−0.84	4.44	−5.00	−2.79	1.10	−0.70	12.17	−1.96
14	−0.01	0.10	0.02	−0.10	−0.03	−0.17	−0.01	0.03	−0.08	−0.11	−0.09	−0.03
15	−2.79	−124.23	60.90	102.14	−0.35	10.22	14.21	40.57	12.80	17.45	0.03	−0.02
16	8.20	3.26	0.29	−2.03	0.00	−0.66	−0.40	0.22	4.20	−13.47	0.02	−0.01
17	0.01	0.07	0.06	−0.01	0.00	0.01	0.01	0.39	0.00	−0.01	0.00	0.00
18	0.02	0.06	0.04	−0.04	−0.05	−0.01	−0.20	−0.10	0.16	0.27	0.04	0.01
19	1.74	−0.44	−0.04	0.05	0.00	0.62	−2.97	−0.85	0.28	0.41	0.47	0.42
20	−0.14	−0.12	0.19	0.30	−0.03	−0.08	0.09	0.18	−0.05	−0.02	−0.01	0.01
21	2.04	−2.15	1.57	1.72	−0.07	−0.10	−5.96	−0.11	2.17	0.80	0.16	−0.03

续表

部门编号	2005~2007 年						2007~2010 年					
	ΔW_L	ΔW_Q	ΔW_{D1}	ΔW_{D2}	ΔW_{E1}	ΔW_{E2}	ΔW_L	ΔW_Q	ΔW_{D1}	ΔW_{D2}	ΔW_{E1}	ΔW_{E2}
1	−10.22	−8.09	14.87	−8.51	9.14	7.61	3.76	15.30	−30.53	38.37	−4.43	13.64
2	0.20	0.00	0.00	0.01	0.00	0.01	−0.15	0.01	0.01	−0.01	0.00	0.00
3	−2.73	−0.48	−0.03	0.46	−0.03	0.44	−0.58	−0.27	0.16	0.20	0.03	0.06
4	−0.82	0.19	0.00	0.00	−0.03	0.18	−0.40	0.00	0.00	−0.01	0.08	−0.01
5	0.91	0.25	0.04	0.03	0.03	0.01	−1.51	−0.20	1.48	−0.61	0.20	−0.36
6	0.91	0.58	0.10	−0.12	1.28	0.07	−5.19	−1.26	2.22	2.20	2.29	−4.55
7	−0.56	0.56	−0.01	0.00	−0.09	−0.01	−0.82	−0.40	0.25	0.31	0.28	0.01
8	2.85	0.06	0.03	−0.49	0.87	0.30	−3.22	−0.17	0.35	−0.44	3.23	−1.83
9	−2.95	−1.08	0.28	−0.76	3.83	2.86	3.44	−0.17	0.75	−1.30	4.98	0.13
10	−0.59	0.65	0.02	−0.33	0.29	0.21	−2.07	−0.28	−1.88	−0.18	−4.95	8.46
11	−7.34	1.39	0.40	0.63	1.74	1.08	−7.61	−0.76	−0.31	1.73	−0.92	1.74
12	−8.53	0.42	−35.79	−22.97	−69.45	132.12	−1.36	−1.34	2.30	0.41	1.66	2.43
13	−4.58	−1.79	0.15	0.32	2.43	1.62	−4.86	−0.25	0.54	−0.09	2.37	0.06
14	−0.29	−0.29	−0.03	0.45	−0.02	0.39	−0.11	0.31	−0.12	−0.08	−0.05	−0.13
15	−7.98	−37.17	−7.67	90.77	−7.93	−10.62	−88.85	−14.22	69.82	38.00	3.87	−35.03
16	−1.78	0.18	0.08	0.09	0.00	0.00	−5.49	−1.53	2.80	3.35	0.00	0.00
17	−0.02	−0.02	0.09	0.14	0.02	0.00	−1.00	0.78	0.18	0.03	0.01	0.00
18	0.16	−0.04	−0.03	0.31	−0.03	0.04	−0.83	−0.05	0.84	−0.14	0.17	−0.22
19	0.05	−0.01	−0.06	−0.04	−0.01	0.20	0.02	0.00	0.33	0.08	0.03	0.06
20	1.07	−0.03	−0.19	0.36	0.00	0.13	−0.12	−0.37	−25.13	26.95	−0.36	−0.67
21	−0.84	−0.30	4.89	−2.27	0.45	−0.35	−1.58	−0.39	4.39	−0.24	0.01	−0.35

以 1997~2010 年整个时间跨度为例，产业技术效应对大部分国民经济部门用水起到抑制作用，除煤炭采选业、其他采掘业、电力工业、水的生产与供应业、建筑业以外；相比产业技术效应，用水强度效应起到更大的用水抑制作用，除其他采掘业、水的生产与供应业、批发零售业以外，表明用水强度效应是抑制产业用水增加的关键因素；四大细分影响因素组成的最终需求效应是导致国民经济各部门用水量增加的主要因素，除煤炭采选业、其他采选业、水的生产和供应业外，其贡献率普遍高于产业技术效应和用水强度效应，这也是国民经济各部门用水量增加导致水资源短缺的主要原因。

为了便于更直观的分析，避免对各个部门进行逐一分析的烦琐，对三种效应采用模糊 C 均值聚类法，将 21 个国民经济部门按强、中、弱驱动进行聚类，见表 5-6。

表 5-6 国民经济各部门六种效应驱动强度聚类表

分解效应	驱动强度	部门编号
ΔW_L，ΔW_{D1}，ΔW_{D2}	强驱动	1
	中驱动	2~14，16~21
	弱驱动	15
ΔW_Q	强驱动	1，6，11，12，15
	中驱动	3，9，13，17，21
	弱驱动	2，4，5，7，8，10，14，16，18~20
ΔW_{E1}	强驱动	10，12，13
	中驱动	6，11
	弱驱动	1~5，7~9，14~21
ΔW_{E2}	强驱动	6，9，10，11，13
	中驱动	1~5，7，8，14~21
	弱驱动	12

产业技术效应、国内最终需求成长效应、国内最终需求结构效应的部门聚类结果相一致，农业部门都为强驱动的部门，这也表明近年来农业科技进步和发展取得良好的成果，投入产出率大大提高，同时国内最终需求的结构得到优化，对用水的需求量起到关键的抑制作用，而国内农业部门最终需求的增加，导致农业用水量得到增加；电力行业是弱驱动部门，表明三大效应的变化对该行业用水量变化的影响力有限；除农业和电力行业以外的 19 个部门为中驱动部门，三大效应的变化在一定程度上会影响该 19 个部门用水量的变化。

在用水强度效应中，农业、纺织工业、冶金工业、机械设备工业、电力工业为强驱动部门，部门的节水技术对用水量增加起到了关键的抑制作用，特别是农业、纺织业等高耗水行业，节水技术的改进尤为重要；石油天然气、化学工业、电子仪器、建筑业、其他服务业为中驱动部门，节水技术的进步对用水量起到主要的抑制作用；而其他的行业为弱驱动部门，用水强度效应对该部门用水量的增加起到了一定的抑制作用。

在出口成长效应中，建材工业、机械设备工业、电子仪器是强驱动部门，出口成长的变化对该三个行业用水量增加起到了关键的拉动作用，是导致行业用水量增加的最主要原因；纺织工业、冶金工业是中驱动部门，出口成长效应是部门用水量增加主要的拉动效应；其他行业为弱驱动部门，出口成长效应对部门用水起到一定的拉动作用。

在出口结构效应中，纺织工业、化学工业、建材工业、冶金工业、电子仪器是强驱动部门，出口结构的变化是导致其用水量变化的主要原因；机械设备工业是弱驱动部门，表明出口结构的变动对该行业用水量变动的影响幅度较小；其余 15 个部门都为中驱动部门，出口结构的变动对该 15 个部门的用水量变化起到一定的影响作用。

5.3 本章小结

本章通过构建投入产出结构分解模型，将江苏省用水的变动分别分解为三影响因素（产业技术效应、用水强度效应和最终需求效应）和六影响因素（用水强度效应、产业技术效应、国内最终需求结构效应、国内最终需求成长效应、出口结构效应、出口成长效应）。从"整体—三大产业—国民经济各部门"三个层面剖析了各影响因素的效应，并应用模糊聚类的方法，将国民经济各部门的影响因素进行分异分析。针对目前结构分解模型绝大多数分解都存在着残差项，采用路径基础法，给出了投入产出结构分解的一般表达式，避免了各因素不同表达式对结果影响的差异。研究对于正确理解江苏省经济发展与各经济部门水资源利用量变化之间的关系，对从生产层面和消费层面调整、制定相关的产业发展政策具有一定的参考价值。

第6章 区域产业用水结构优化

投入产出分析法揭示的是社会经济内部各个产业之间以及社会再生产过程中的各个环节之间存在的内在关联,能够系统深入地反映国民经济内部各个产业之间直观的数量关系,而考虑了水资源使用的投入产出模型更为直观地揭示了各个产业的用水量和其经济产值间的联系。

本章首先开展了不同经济发展情景下用水需求分析和不同用水情景下经济发展分析,接下来在水资源总量的约束下基于 2010 年江苏省的水资源投入产出表建立了多目标的优化模型,对 2020 年的产业结构和用水结构进行预测优化。基于水资源投入产出表对江苏省 2011~2020 年的产业和用水进行分析优化,能够更为直观地分析出江苏省经济发展和用水之间的关系,并且针对优化的结果对经济和用水分别提出对应的调整措施,以保证经济协调发展和水资源可持续利用,为江苏省合理地调整用水结构和产业结构提供一定的决策依据。

6.1 以经济发展定用水需求

水资源的需求和经济增长密切相关,根据投入产出的 $AX+Y=X$,通过变换可得到 $X=(I-A)^{-1}Y$,以及 $W=Q\times X$,其中 W 为产业部门总用水量,$(I-A)^{-1}$ 为列昂惕夫逆矩阵,简称 L,Y 为最终使用列向量,Q 为直接用水定额的列向量,公式表示如下:

$$W = Q^{\mathrm{T}} \times L \times Y \tag{6-1}$$

式(6-1)表明部门用水总量跟产业的直接用水定额、产品中间需求和最终需求有关。

因为 Y 决定着江苏省的经济增长水平,因此通过 $X=(I-A)^{-1}Y$ 就可以计算出各行业需要达到什么样的产值才能满足经济增长的目标,然后根据产值和用水之间的关系可以计算出各行业的用水需求。

首先可以根据江苏省的政府规划来确定江苏宏观经济增长的目标,也就是未来几年江苏的地区生产总值的目标。本书围绕规划的目标设定了 3 种可能的经济增长方案来适应实际发展过程中的完成目标的不确定性,高方案的设定略高于规划目标,中方案的设定等于规划的目标,低方案的设定略低于规划目标。

根据江苏省统计年鉴的数据显示,江苏省 2000 年的地区生产总值总量达到

8553.69亿元，2012年江苏省GDP总量增长率为10%。2013年的江苏省政府工作报告中提出在未来五年江苏经济发展的目标是地区生产总值年均增长率保持在10%左右。因此以2010年为基准年，未来10年产值的平均增长速度设定为10%。根据这个发展目标，设定产值增长的高、中、低方案（表6-1），中方案设定参考规划目标，高方案比中方案高了0.5%，低方案比中方案低了0.5%。

表6-1 产值增长的高、中、低方案

产值增速	高方案	中方案	低方案
2010～2020年产值年均增速	10.5%	10%	9.5%

根据以上3个方案，通过2010年江苏省投入产出表可以算出3个方案下2020年21个部门的产值（表6-2）。

表6-2 高、中、低方案下2020年产值　　　　　　　　　（单位：万元）

部门	2010年产值	2020年产值(高方案)	2020年产值(中方案)	2020年产值(低方案)
农业	16 735 302	35 227 810.2	35 144 133.7	32 633 838.5
煤炭采选业	871 170.33	1 833 813.53	1 829 457.68	1 698 782.13
石油天然气	3 982 875.8	8 383 953.58	8 364 039.2	7 766 607.83
其他采掘业	576 487.35	1 213 505.86	1 210 623.43	1 124 150.32
食品工业	8 899 808.8	18 734 097.6	18 689 598.5	17 354 627.2
纺织工业	25 305 422	53 267 913.1	53 141 385.9	49 345 572.7
森林工业	3 987 894.3	8 394 517.43	8 374 577.95	7 776 393.81
造纸工业	5 908 642.8	12 437 693	12 408 149.8	11 521 853.4
化学工业	28 230 905	59 426 054.2	59 284 899.7	55 050 264
建材工业	7 749 564.7	16 312 833.8	16 274 086	15 111 651.3
冶金工业	23 130 463	48 689 625.5	48 573 973.1	45 104 403.6
机械设备工业	61 882 711	130 263 107	129 953 693	120 671 287
电子仪器	45 368 260	95 500 188	95 273 346.7	88 468 107.6
其他制造业	1 599 950.7	3 367 896.29	3 359 896.54	3 119 903.93
电力工业	9 458 405.6	19 909 943.9	19 862 651.9	18 443 891
水的生产与供应业	1 355 486.1	2 853 298.26	2 846 520.83	2 643 197.91
建筑业	12 988 827	27 341 480.6	27 276 536.1	25 328 212.4
运输邮电业	21 167 961	44 558 558.9	44 452 719.1	41 277 524.9
住宿餐饮业	34 458 443	72 535 022.4	72 362 730.2	67 193 963.8
批发和零售业	5 236 906.4	11 023 687.9	10 997 503.3	10 211 967.4
其他服务业	92 244 771	194 175 242	193 714 019	179 877 303

假设直接用水定额和中间需求都保持 2010 年的水平不变,根据式(6-1)可求出在高、中、低三个产值增长目标下 2020 年 21 个部门的用水量(表 6-3)。

表 6-3 高、中、低方案下 2020 年 21 个部门用水量 (单位:亿 m³)

部门	2020 年用水量(高方案)	2020 年用水量(中方案)	2020 年用水量(低方案)
农业	446.96	445.89	414.04
煤炭采选业	2.07	2.06	1.92
石油天然气	17.54	17.50	16.25
其他采掘业	0.43	0.43	0.40
食品工业	45.24	45.13	41.90
纺织工业	14.34	14.30	13.28
森林工业	1.15	1.14	1.06
造纸工业	5.05	5.04	4.68
化学工业	144.42	144.08	133.78
建材工业	4.24	4.23	3.92
冶金工业	86.32	86.12	79.97
机械设备工业	333.15	332.36	308.62
电子仪器	86.13	85.92	79.78
其他制造业	0.41	0.40	0.37
电力工业	145.96	145.61	135.21
水的生产与供应业	2.005	2.0009	1.85
建筑业	1.477	1.474	1.368
运输邮电业	50.39	50.27	46.68
住宿餐饮业	43.08	42.98	39.91
批发和零售业	4.05	4.04	3.75
其他服务业	372.28	371.40	344.87

由预测结果可见,如果按照既定的经济发展目标发展下去而不对水资源等进行一定的限制,用水量会远远超出预期控制目标。

6.2 以水定经济发展

江苏在《关于实行最严格水资源管理制度的实施意见》中提出了江苏省的"三条红线"制度,即到 2030 年江苏省全省的用水总量要控制在 600 亿 m³ 以内,近期的目标是到 2015 年全省用水总量控制在 560 亿 m³ 以内,按照这个目标,用水量的年均增长率为 0.47%,因此以 2010 年为基准,未来 10 年的用水量年均增长率为 0.47%。

根据这个目标，设定用水量年均增长率的 3 个方案（表 6-4），中方案比规划目标略高，高方案比中方案高了 0.1 个百分点，低方案比中方案低了 0.1 个百分点。

表 6-4　用水量增长的高、中、低方案

用水量增速	高方案	中方案	低方案
2010~2020 年用水量年均增速	0.6%	0.5%	0.4%

根据以上 3 个方案，基于 2010 年江苏省各部门用水量可以算出 3 个方案下 2020 年 21 个部门的用水量（表 6-5）。

表 6-5　高、中、低方案下 2020 年 21 个部门用水量　　　（单位：亿 m^3）

部门	2010 年用水量	2020 年用水量（高方案）	2020 年用水量（中方案）	2020 年用水量（低方案）
农业	308.20	326.69	323.61	320.52
煤炭采选业	0.080	0.085	0.084	0.083
石油天然气	0.22	0.236	0.234	0.231
其他采掘业	0.226	0.239	0.237	0.235
食品工业	0.90	0.955	0.946	0.937
纺织工业	2.81	2.98	2.95	2.92
森林工业	0.40	0.426	0.422	0.418
造纸工业	2.12	2.25	2.23	2.21
化学工业	22.75	24.12	23.89	23.66
建材工业	1.28	1.359	1.347	1.334
冶金工业	4.497	4.767	4.722	4.677
机械设备工业	10.48	11.11	11.006	10.901
电子仪器	3.278	3.474	3.441	3.409
其他制造业	0.21	0.227	0.225	0.223
电力工业	141.20	149.67	148.26	146.84
水的生产与供应业	1.41	1.49	1.48	1.46
建筑业	1.90	2.01	1.99	1.97
运输邮电业	0.75	0.80	0.79	0.78
住宿餐饮业	1.25	1.33	1.31	1.30
批发和零售业	2.26	2.39	2.37	2.35
其他服务业	8.72	9.24	9.15	9.06

假设直接用水定额和中间需求都保持 2010 年的水平不变，可求出在高、中、低三个用水量增长目标下 21 个部门的产值，计算结果如表 6-6 所示。

表 6-6　高、中、低方案下 2020 年 21 个部门产值　　　（单位：万元）

部门	2020年产值（高方案）	2020年产值（中方案）	2020年产值（低方案）
农业	25 748 698	25 505 786	25 262 874
煤炭采选业	75 381.93	74 670.78	73 959.63
石油天然气	112 920.9	111 855.6	110 790.3
其他采掘业	667 257.7	660 962.8	654 668
食品工业	395 571.3	391 839.5	388 107.7
纺织工业	11 087 437	10 982 838	10 878 240
森林工业	3 112 291	3 082 930	3 053 569
造纸工业	5 548 051	5 495 711	5 443 371
化学工业	9 924 715	9 831 086	9 737 456
建材工业	5 231 481	5 182 127	5 132 774
冶金工业	2 689 021	2 663 653	2 638 285
机械设备工业	4 344 426	4 303 441	4 262 456
电子仪器	3 852 696	3 816 349	3 780 003
其他制造业	1 880 694	1 862 951	1 845 209
电力工业	20 416 286	20 223 679	20 031 073
水的生产与供应业	2 130 415	2 110 317	2 090 219
建筑业	37 266 169	36 914 601	36 563 034
运输邮电业	711 060.4	704 352.3	697 644.1
住宿餐饮业	2 243 431	2 222 267	2 201 102
批发和零售业	6 529 129	6 467 533	6 405 938
其他服务业	4 821 327	4 775 843	4 730 359

由预测结果可知，如果按照既定的用水目标发展下去而不考虑经济发展的因素，经济发展会增长较慢甚至出现负增长。

因此在构建优化模型时，应该按照以下几个原则：首先，从经济发展的角度，保证整体的社会经济持续稳定的增长；其次，从水资源利用的角度，提高用水效率，实现用水总量控制；最后从社会经济与水资源协调发展的角度，实现用水总量控制约束下社会经济持续增长、健康稳定的发展。以江苏省为例，基于 2010 年江苏省水资源投入产出表构建多目标优化模型进行计算并分析。

6.3　用水结构优化模型

6.3.1　目标函数

在目标函数的选取中，考虑社会经济和水资源利用方面的指标，根据社会经济增长的要求以及江苏省最严格水资源管理制度"三条红线"的要求，选取 GDP

累计最大、用水量最小作为目标函数。

1）规划期内 GDP 累计最大

GDP 表示用来衡量某个国家或者地区的经济总量的综合性的经济指标，也是对各国或者地区之间经济实力进行比较的主要指标。水资源作为经济系统生产的重要要素，其发展变化会对整个社会经济系统的发展产生直接的影响，因此在经济方面选择 GDP 最大作为目标函数，规划期内 GDP 累计最大的目标函数是为了保证社会经济持续稳定增长的发展目标。

$$\max \sum_{t=1}^{T} f(t) \tag{6-2}$$

式中，$f(t) = \sum_{i=1}^{n} X_i(t) - \sum_{i=1}^{n}\sum_{j=1}^{n} a_{ij}(t) X_i(t)$ 表示第 t 年的地区生产总值；$X_i(t)$ 表示第 t 年第 i 部门的产值；$a_{ij}(t)$ 表示第 t 年的直接消耗系数。

2）用水量最少

用水量方面选取用水量最少作为目标函数，符合江苏省对用水总量控制的要求。

$$\min \sum_{t=1}^{T}\sum_{i=1}^{n} W_i(t) \tag{6-3}$$

式中，$W_i(t) = \sum_{i=1}^{n} Q_i(t) X_i(t) + W_r(t) + W_e(t)$ 表示第 t 年的用水量，$Q_i(t)$ 为第 t 年各部门的万元产值用水定额，$W_r(t)$ 为第 t 年的居民用水量，$W_e(t)$ 为第 t 年的生态用水量。

6.3.2 约束条件

模型中的约束条件同时包含了模型本身具有的平衡约束和经济发展过程中的实际约束。模型本身的约束就是表示理论约束，在优化过程需要符合投入产出的数学平衡关系式。实际约束表示企业在实际生产过程中所受到的资源环境或者其他的约束。任何行业进行生产经营的活动，都要考虑到现有的资源环境，并且以这些条件为基础来开展，同时考虑了经济增长和水资源消耗利用方面的限制。

1）动态投入产出平衡约束

$$X(t) = A(t)X(t) + B(t)[X(t+1) - X(t)] + Y_c(t) \tag{6-4}$$

式中，$X(t)$ 表示第 t 年各部门的产值；$A(t)$ 是第 t 年的直接消耗系数矩阵；$B(t)$ 是第 t 年的投资系数矩阵，$Y_c(t) = C(t) + EX(t) - IM(t)$ 表示第 t 年的最终净产品量，$C(t)$ 是第 t 年各产业的最终消费量，$EX(t)$ 是第 t 年各部门的出口量，$IM(t)$ 是第 t 年各部门的进口量。上式里 $t=0$ 时代表在基准年的动态平衡。

2）规划期某时间段 GDP 平均经济增长速度约束

$$f(T_2) - f(T_1 - 1)(1+R)^{(T_2 - T_1 + 1)} \geqslant 0 \tag{6-5}$$

式中，$[T_1, T_2]$ 为规划期某时间段，$1 \leq T_1 \leq T_2 \leq T$；$R$ 表示期望的平均经济增长速度。

3）积累与消费约束

$$\sum_{i=1}^{n} B(t)[X_i(t+1) - X_i(t)] + \sum_{i=1}^{n} y_{ci}(t) \leq f(t) \tag{6-6}$$

式中，$B(t)$ 表示第 t 年的投资系数矩阵；$y_{ci}(t)$ 表示第 t 年第 i 部门的最终净消费。

4）用水量约束

$$\sum_{i=1}^{n} Q_i(t) X_i(t) + W_r(t) + W_e(t) \leq W(t) \tag{6-7}$$

式中，$W(t)$ 为第 t 年的最大用水量。

5）非负约束

对各个产业部门的产出量的非负约束

$$X(t+1) - X(t) \geq 0 \tag{6-8}$$

6.3.3 模型变换

构建的模型中把每个产业的产出 $x_i(t)$，$i=1,2,\cdots,n; t=1,2,\cdots,T+1$ 当做决策变量，当 n 与 $T+1$ 比较大的时候，约束的数目 $n \times (T+1)$ 就会变得很大。可以引进另外的决策变量来取代 $X(t)$，即令

$$\Delta X(t) = X(t+1) - X(t), \quad t=1,2,\cdots,T \tag{6-9}$$

这样可以把 $\Delta X(t)$ 当做决策变量来计算。

由式（6-9）可知，

$$X(t+1) = X(0) + \Delta X(0) + \Delta X(1) + \cdots + \Delta X(t), \quad t=1,2,\cdots,T \tag{6-10}$$

把目标函数和约束条件中的 $X(t)$ 都替换成式（6-10），并将决策变量移到等式（或不等式）的左边，把已知量移到右边，则整个投入产出优化模型可以转换为下面情况。

1）目标函数

（1）规划期内 GDP 累计最大

$$\max \sum_{t=0}^{T} f_1(t) \tag{6-11}$$

式中，$f_1(t) = \sum_{t_1=1}^{t=1} C(t_1)^\mathrm{T} \Delta X(t_1-1)$，代表第 t 年较之基年（$t=0$）的增量，即有 $f_1(t) = f(t) - f(0)$，因此与式（6-10）相比就相差了一个常数项 $T \cdot f(0)$。此处的 $C(t) = (C_1(t), C_2(t), \cdots, C_n(t))^\mathrm{T}$ 指第 t 年的增加值率向量。

（2）用水量最少

$$\min \sum_{t=1}^{T} (Q(t)^\mathrm{T} \Delta X(t-1)) \tag{6-12}$$

2）约束条件

① $B(0)\Delta X(0) = (I - A(0))X(0) - Y_c(0)$

$(A(t) - I)(\Delta X(0) + \Delta X(1) + \cdots + \Delta X(t-1)) + B(t)\Delta X(t) = (I - A(t))X(0) - Y_c(t)$
$$t = 1, 2, \cdots, T \tag{6-13}$$

② $-\sum_{t_1=1}^{t-1} C(t_1)^{T_1} \Delta X(t_1 - 1) - \sum_{t_2=1}^{t-1} C(t_2)^{T_2} \Delta X(t_2 - 1)(1 - R)^{(T_2 - T_1 + 1)} \geqslant 0 \tag{6-14}$

③ $-\sum_{t_1=1}^{t-1} C(t_1)^{T} \Delta X(t_1 - 1) + \sum_{i=1}^{n}\sum_{j=1}^{n} b_{ij}(t)\Delta x_j(t) \leqslant C(0)^{T} X(0) - \sum_{i=1}^{n} y_{ci}(t) \tag{6-15}$

④ $Q_i(t)^{T}(\Delta X(0) + \Delta X(1) + \cdots + \Delta X(t-1)) \leqslant W(t) - Q_i(0)X(0) \tag{6-16}$

⑤ $\Delta X(t) \geqslant 0 \tag{6-17}$

6.4 模型中数据的获得与处理及求解

模型中数据来源于江苏省历年的统计年鉴和水资源公报以及 2010 年江苏省投入产出表，其他的参数比如 2011～2020 年每一年里的直接消耗系数以及投资系数、最终净消费和直接取水系数作为参数，这些参数可以经过修正或者预测获得。

6.4.1 直接消耗系数的修正

直接消耗系数在短时间内是相对稳定的，但是在实际过程中会受到各种因素的影响，考虑到时间的变化就需要对其进行修正。对其修正的办法有专家调查法等非数学方法以及 RAS 法、重点系数修正法等数学方法（雒晓娜，2005）。

1）专家调查法

专家调查法就是在原本的调查基础上，依据专家以往的经验和意见对直接消耗系数评估并修正。这种方法既有优势又有劣势，优势在于参考了专家以往的经验，并且结合了过去和今后的发展对直接消耗系数的变化进行量化的描述。劣势在于认为的经验肯定是带有主观性的，这个方法的准确度会随专家人选的变动和评估方法的选择而变动。

2）RAS 法

RAS 修正法表示有两种因素可以影响直接消耗系数的变化，也就是替代影响和消耗影响，要寻求这两种影响的乘数，对它们采取迭代方法计算，再用迭代求得的乘数矩阵来修正原有的直接消耗系数。RAS 方法的优点在于计算的准确性高，但它只是假设了直接消耗系数的变化来源于两种因素的影响，在现实的生产过程中，有很多因素会导致直接消耗系数的变化。其次使用 RAS 法需要规划期每个产业的中间使用合计与物耗合计都属于已知的，但是每个产业的具体中间使用合计的数据是很难预测得到的，所以在无法获得这些数据的前提下没有办法使用 RAS 法。

3）重点系数修正法

重点系数修正法表示仅仅针对主要的直接消耗系数也就是主元进行的修正。所谓主元表示某部分的直接消耗系数的变化会严重影响到完全消耗系数的变动。确定主要元素是使用重点系数法。方法为对直接消耗系数依次由大到小地有序排好，然后把前 n 个系数累计相加起来，直到这些系数的和在所有系数的和中占到了 90%为止，这时，这些相应的系数就是要对其进行重点修正的系数，可以根据已有的统计数据对它们进行重点修正，其他的系数按照某个比例往下调整。这一方法的主要优点在于计算的过程比较简便，但也存在缺点：直接消耗系数的修正应该同时加入经济理论和数学分析这两个因素，但是这一方法只是运用了数学分析的方法来修正的。

本节在已有的基准年的直接消耗系数的基础上用重点系数修正法修正，可以预测出 2011~2020 年间每一年的直接消耗系数。

6.4.2 投资系数的确定与修正

投资系数是体现动态投入产出模型并将其运用到实际中的关键，但它的计算并不容易，投资系数的变化通常会大大影响到动态投入产出分析的准确性。如果能够通过实地调查的方法来得到投资矩阵是最精确的，但是这个过程需要耗费掉很大的人力、物力。同时因为在实际的统计调查过程中不可避免地有着不足，还需要对统计出来的结果进行一定的调整（雒晓娜，2005）。本节将通过直接消耗系数和投资系数间内部存在的关联来推算出投资系数。

1）投资矩阵的获得

计算投资系数从来都是构建动态投入产出模型并运用到实际中的关键，但它也是一个难点，投资系数的变化通常会大大影响到动态投入产出分析的准确性。如果能够通过实地调查的方法来得到投资矩阵是最精确的，但是这个过程需要耗费掉很大的人力、物力，同时因为实际的调查过程并不一定能保证其精确。本书将通过直接消耗系数和投资系数间内部存在的关联来推算出投资系数。直接消耗系数与投资系数都属于模型中的系数，但它们代表的经济意义并不相同：直接消耗系数代表社会经济中各个产业间存在的相互关联相互影响，投资系数则代表投资量与产出的增量存在的关联，把两者结合起来考虑是因为投资系数的计算得出和国民经济各个产业之间已经存在的经济关联有着难以割舍的联系，通过这些联系构建出直接消耗系数和投资系数之间的关联，推算的过程如下：设 $X(t), U(t)$ 分别代表第 t 年的总产出和中间使用向量，由静态模型有

$$U(t) = A(t)X(t) \tag{6-18}$$

$$U(t+1) = A(t+1)X(t+1) \tag{6-19}$$

则

$$U(t+1) - U(t) = A(t+1)X(t+1) - A(t)X(t) \tag{6-20}$$

直接消耗系数在短时间内是相对稳定的，因此可令

$$\Delta U(t) = A(t) \cdot \Delta X(t) \tag{6-21}$$

令 $k(t)$ 为部门的生产性投资向量，$Y(t)$ 是最终使用向量，$Y_c(t)$ 是最终净消费向量，$B(t) = (b_{ij}(t))_{m \times n}$ 是投资系数矩阵，E 是单位矩阵。有

$$k(t) = Y(t) - Y_c(t) = (E - A(t))X(t) - Y_c(t) \tag{6-22}$$

由动态投入产出模型可变为

$$(E - A(t))X(t) - Y_c(t) = B(t) \cdot \Delta X(t) \tag{6-23}$$

由式（6-18）～式（6-22）可得

$$\Delta U(t) = A(t) \cdot B(t)^{-1} k(t) \tag{6-24}$$

由式（6-24）可以看出，直接消耗系数和投资系数间肯定有着联系，要想求得投资系数可以先求出投资矩阵，再和总产出的增量计算求得。

设投资矩阵 $K = (k_{ij})_{m \times n}$，则 $\sum_{j=1}^{n} k_{ij} = k_i$，在静态投入产出模型中，可以用直接消耗系数来分解中间使用向量，得到中间使用增量的矩阵，有

$$\Delta V = (\Delta V_{ij})_{m \times n} = A \cdot \Delta \hat{X} \tag{6-25}$$

式中，$\Delta V_{ij} = a_{ij} \cdot \Delta x_j$，$\Delta \hat{X} = \text{diag}(\Delta x_1, \Delta x_2, \cdots, \Delta x_n)$ 为总产出增量的对角矩阵。

对相同的产品来说，假设投入产出表中各国民经济部门需要用到的中间产品和需要用到的投资产品的构成是一致的，有

$$\Delta V_{ij} / \sum_{j=1}^{n} \Delta V_{ij} = k_{ij} / \sum_{j=1}^{n} k_{ij} \tag{6-26}$$

则

$$k_{ij} = (\Delta V_{ij} / \sum_{j=1}^{n} \Delta V_{ij}) \sum_{j=1}^{n} k_{ij} = (\Delta V_{ij} / \Delta u_i) k_i \tag{6-27}$$

由 $b_{ij} = \dfrac{k_{ij}}{\Delta x_j}$，可计算出投资系数。

根据上面理论，要想求得 21 个部门的投资系数，需要有 21 个部门投资向量 k_i 的数据，这部分数据可以从 2010 年江苏省经过合并的 21 个部门的投入产出表中得到。然后运用直接消耗系数和总产出增量来求解中间使用增量 ΔV_{ij}，得到投资向量 k_i，用式（6-27）可以计算投资量矩阵，从而可以求出投资系数矩阵。

2）投资系数矩阵的修订

基准年的投资系数可以直接用上述的计算方法求得，而要想得到未来年的数据时就要预测，因为投资系数并不是固定不变的，未来每一年的投资系数都要对基准年的数据修正以后才能获得。实际中有很多因素会影响到投资系数，本书只考虑供给以及需求的因素，一个是别的部门对本部门投资品的供给，一个是这个部门对投资品的需求，记 $r_i(t)$ 表示第 i 部门的供给乘数，表明第 i 部门提供投资品的能力；记 $s_j(t)$ 表示第 j 部门的需求乘数，表明该部门对投资品的需求，则投资系数 $b_{ij}(t)$ 和 $b_{ij}(t+1)$ 就会形成如下关系：

$$b_{ij}(t+1) = r_i(t) \cdot b_{ij}(t) \cdot s_j(t) \tag{6-28}$$

式中，$r_i(t) = \dfrac{1+h_i(t)}{1+k_i(t)}$，$s_j(t) = \dfrac{1+l_j(t)}{1+g_j(t)}$，$h_i(t)$ 表示第 t 年第 i 部门的设备购置量的年增速，$k_i(t)$ 为第 t 年第 i 部门的建筑安装量的年增速。$l_j(t)$ 表示第 t 年第 j 部门的投资增速，$g_j(t)$ 表示第 t 年第 j 部门的产出增速。$h_i(t)$ 和 $k_i(t)$ 都能够通过查询江苏省统计年鉴得到，$l_j(t)$ 和 $g_j(t)$ 则是根据历史条件和当时条件估计获得的，在实际中，这些数据是比较难得到的，所以一般是假定 $h_i(t)$，$k_i(t)$，$l_j(t)$，$g_j(t)$ 是匀速变化的，也就是每年的增速都是一样的。

分析整理获得的历年投资数据，可得到建筑安装量年增长率 $k_i(t)$ 和设备购置量年增长率 $h_i(t)$。在按照上述方法估算了投资增长率 $l_j(t)$ 和产出增长率 $g_j(t)$ 以后，可以得出投资系数修正过程中需要用到的供给乘数与需求乘数，见表 6-7。

表 6-7　供给乘数与需求乘数

部门	供给乘数 $r_i(t)$ 数据	需求乘数 $s_j(t)$ 数据
农业	0.174198251	3.505041248
煤炭采选业	0.515084791	0.609721839
石油天然气	0.848928046	0.464388294
其他采掘业	1.002898551	0.609940335
食品工业	1.080347541	1.373916805
纺织工业	0.866015687	0.70117209
森林工业	1.064095172	0.555885204
造纸工业	0.904910025	0.919317522
化学工业	0.983342507	2.09991277
建材工业	1.03536279	1.43413003
冶金工业	1.008655977	1.576564917
机械设备工业	0.862374684	0.783509207

续表

部门	供给乘数 $r_i(t)$ 数据	需求乘数 $s_j(t)$ 数据
电子仪器	0.614694653	1.023643469
其他制造业	0.789739615	0.208172872
电力工业	0.954728567	0.666179959
水的生产与供应业	0.587131971	0.470413034
建筑业	1.126216933	1.524154483
运输邮电业	1.020018005	0.500445126
住宿餐饮业	0.614128199	0.684053988
批发和零售业	1.176697395	0.463009766
其他服务业	0.557293528	0.657386991

把表 6-7 中的供给乘数和需求乘数对角化以后，对已有的 2010 年的投资系数进行修正，可以得到 2011~2020 年每一年的投资系数。

6.4.3 最终净消费、直接取水系数的预测

已有 1997~2010 年六年的投入产出表，根据表中的数据已知了这六年的最终净消费、直接取水系数，用拉格朗日插值法把中间的年份 1998 年、1999 年、2001 年、2003 年、2004 年、2006 年、2008 年以及 2009 年的最终净消费、直接取水系数的数据都估算出来，再用时间序列中的移动平均法预测规划年 2011~2020 年的最终净消费和直接取水系数。

6.5 模型求解

解多目标最优化问题有间接解法和直接解法两种，直接解法就是经过不断的转化或者直接不转化来求得最优解集。至今为止对于直接算法的研究并没有很成熟。所以，本书将采用间接解法求解（王勋，2009）。

间接算法还可以分成转换成一个单目标问题，或者转换成两个以上单目标问题以及非统一模型的算法。因为在本书的模型中的两个目标函数分别是求最大值和最小值，所以，本书采用的是非统一模型的解法。该方法中比较常用的就是乘除法和功效系数法。

6.5.1 乘除法

关于多目标求解问题，假设对一切 $x \in \mathbf{R}$，都有

$$f_i(x) > 0, \quad i = 1, 2, \cdots, n \tag{6-29}$$

乘除法的思想比较简单，因为要求后 $n-m$ 个目标 $f_j(x)$（$j = m+1, m+2, \cdots, n$）越小越好，也就是要求 $1/f_j(x)$ 越大越好，如此便可以把多目标问题转换成极大化问题：

$$opt = \max[f_1(x), f_2(x), \cdots, f_m(x), 1/f_{m+1}(x), 1/f_{m+2}(x), \cdots, 1/f_n(x)] \tag{6-30}$$

然后可以构造如下的单目标规划：

$$F(x) = \max\left(\frac{f_1(x) \times f_2(x) \times \cdots \times f_m(x)}{f_{m+1}(x) \times f_{m+2}(x) \times \cdots \times f_n(x)}\right) \tag{6-31}$$

6.5.2 功效系数法

对诸多 $x \in G(x)$，x 不同，与 $f_i(x)$ 对应的值也是有好坏的，功效系数 d_i 可以用来区分这种好坏度。

令 $d_i = d_i(f_i(x))$，$i = 1, 2, \cdots, n$，满足 $0 \leq d_i \leq 1$，并规定：对 $f_i(x)$ 产生功效最好的 x，评分为 $d_i = 1$；最坏的，$d_i = 0$。也就是使用数值在 0 到 1 中间的功效系数 d_i 来衡量 $f_i(x)$ 的好坏。

通常来说，由于一般不可能会想要得到对某一个目标函数具有最坏的功效的解 x，也就是不可能想要使 $d_i = 0$ 的解 x，所以可以假设 $d_i = d_i(f_i(x)) > 0$。

先假定功效系数 d_i，求出平均值用来当做评价函数，之后列出下列单目标问题：

$$F(x) = \max\left[\prod d_i(f_i(x))\right]^{1/n} \tag{6-32}$$

本书用乘除法把多目标转换成单目标，将 $\Delta X(t)$ 作为决策变量，此时，就将多目标优化问题转换成了单目标的线性规划问题，用 MATLAB 优化的方法求解。

目标函数转化为

$$F(x) = \frac{\sum_{i=1}^{T} f(T)}{\sum_{t=1}^{T}\sum_{i=i}^{n} W_i(t)} \tag{6-33}$$

式中，各参数意义同前。

6.5.3 计算结果分析

经过上述计算后，得出结果如表 6-8 所示。

通过各个产业产值和直接取水系数相乘可以得到各个产业的用水量，如表 6-9 所示。

表 6-8　2011～2020 年各部门产值优化预测结果

（单位：万元）

部门	2011 年	2012 年	2013 年	2014 年	2015 年	2016 年	2017 年	2018 年	2019 年	2020 年
农业	30462495.31	30462495.32	30462495.33	30462495.35	30462495.36	30462495.46	30462495.55	30462495.65	30462495.75	30462495.84
煤炭采选业	1869592.95	1869605.37	1869617.5	1869629.29	1869639.68	1869743.65	1869847.99	1869858.32	1869863.36	1869868.06
石油天然气	12775257.50	12775262.22	12775266.89	12775271.75	12775277.26	12775283.82	12775290.36	12775296.91	12775303.46	12775310.01
其他采掘业	1903724.65	1903726.02	1903727.62	1903729.59	1903731.99	1903732.964	1903733.93	1903734.87	1903735.80	1903736.74
食品工业	28974021.88	28974097.92	28974130.50	28974214.71	28974301.98	28974473.53	28974625.39	28974649.23	28974674.99	28974691.16
纺织工业	84450492.05	84450531.27	84450561.40	84450612.82	84450687.68	84450709.62	84450731.06	84450748.92	84450764.94	84450780.19
森林工业	12794180.91	12794187.42	12794194.00	12794201.83	12794213.05	12794226.11	12794238.76	12794248.62	12794259.35	12794269.91
造纸工业	19128752.64	19128758.41	19128764.34	19128773.24	19128781.06	19128790.59	19128800.37	19128809.52	19128818.54	19128827.66
化学工业	114694347.30	114694379.20	114694391.50	114694420.40	114694466.10	114694473.30	114694480.80	114694487.90	114694495.30	114694503
建材工业	26189624.74	26189636.49	26189651.45	26189675.45	26189701.45	26189709.46	26189716.91	26189723.30	26189728.050	26189734.47
冶金工业	109909039.60	109909075.90	109909088.90	109909122.10	109909170	109909177.50	109909184.70	109909192.60	109909200.70	109909208.90
机械设备工业	228172922.10	228173031.80	228173031.90	228173132.30	228173191.80	228173206.90	228173221	228173236	228173251.50	228173266.30
电子仪器	169694186.60	169694283.60	169694290.80	169694397.10	169694508.80	169694529.70	169694550.60	169694570.20	169694588.10	169694607
其他制造业	5565286.069	5565298.775	5565311.83	5565325.671	5565340.484	5565359.197	5565377.92	5565392.223	5565406.564	5565421.004
电力工业	31583685.31	31583685.5	31583685.7	31583685.88	31583686.1	31583686.36	31583686.63	31583686.9	31583687.16	31583687.43
水的生产和供应业	2119792.07	2119792.24	2119792.40	2119792.59	2119792.78	2119792.85	2119792.92	2119792.98	2119793.05	2119793.11
建筑业	74102740.7	74102741.06	74102753.19	74102821.3	74102973.91	74102983.07	74102992.65	74102999.02	74103006.1	74103013.5
运输邮电业	39618683.02	39618716.77	39618758.33	39618849.09	39619019.16	39619072.35	39619127.78	39619147.17	39619170.59	39619196.61
住宿餐饮业	45174050.29	45174060.33	45174069.68	45174080.33	45174090.23	45174096.58	45174102.91	45174109.17	45174115.42	45174121.66
批发和零售业	11501842.67	11501942.98	11502342.49	11502723.73	11503067.29	11503458.18	11503469.68	11503494.97	11503518.44	11503541.56
其他服务业	145433029.9	145433055.5	145433074.5	145433108.6	145433145.1	145433161.4	145433177.8	145433190.6	145433203.6	145433216.5

第6章 区域产业用水结构优化

表 6-9 2011~2020 年各部门用水量优化预测结果

(单位：万 m³)

部门	2011 年	2012 年	2013 年	2014 年	2015 年	2016 年	2017 年	2018 年	2019 年	2020 年
农业	2442287.60	2454472.60	2457518.85	2469703.85	2475796.35	2478862.61	2479369.84	2480040.02	2484932.30	2489166.60
煤炭采选业	1178.25	1365.22	1926.11	1927.99	1739.17	1743.00	1747.55	1764.38	1917.72	2199.70
石油天然气	26502.92	26642.88	26527.21	26554.05	26502.96	26630.72	23947.93	23961.99	24761.74	22781.58
其他采掘业	7781.91	8162.66	8543.42	8353.05	8372.09	8374.01	8733.82	8714.78	8762.47	9009.96
食品工业	9011.38	9098.83	9127.81	9301.68	9591.45	9881.25	10171.05	10444.22	14292.51	14582.27
纺织工业	28165.62	28250.08	28334.54	28165.66	28250.13	28165.69	36610.77	36695.23	43451.30	43474.95
森林工业	16819.83	16947.78	17075.73	17203.69	17331.64	17357.25	17486.99	17608.45	16842.35	17008.69
造纸工业	21266.21	19353.34	19372.47	19391.61	19429.88	19446.01	19468.15	19563.81	19946.39	21763.64
化学工业	227545.46	216080.08	217227.05	217456.49	217571.27	217686.0	217800.69	217915.40	218488.88	220782.79
建材工业	12828.85	12855.05	12881.24	12933.64	12959.84	12985.03	12828.89	12844.70	13001.84	13028.03
冶金工业	44977.80	46076.91	47176.00	47187.01	44977.85	46075.95	47176.04	48275.14	48390.27	48720.00
机械设备工业	104482.13	104844.99	104867.81	127639.54	127662.39	127662.40	127680.63	132266.95	134509.90	127892.89
电子仪器	100657.92	102354.93	102371.89	100658.05	100827.81	100997.52	100827.84	101082.39	101177.77	101432.32
其他制造业	2149.23	2204.79	2210.36	2215.93	2221.50	2145.17	2154.74	2165.88	2126.92	2134.16
电力工业	1854171.60	1847854.88	1863646.73	1857330.00	1860488.39	1863645.77	1866805.15	1870178.31	1870525.74	1873684.13
水的生产和供应业	21335.28	21337.19	20275.39	20911.33	20913.45	20275.39	20343.23	20346.81	20399.80	20611.78
建筑业	63461.55	65091.91	65907.05	66055.31	66129.55	64721.60	64795.72	65462.65	65612.42	66368.27
运输邮电业	7587.65	7666.29	15510.82	15550.47	15554.50	15510.94	15550.58	15510.97	15629.83	15717.65
住宿餐饮业	48710.46	49162.21	49613.96	48710.49	48710.50	49162.25	49613.99	49162.26	49614.01	52776.20
批发和零售业	22635.56	22637.12	26087.35	26203.24	26088.99	26135.89	26147.73	26206.26	27241.63	27483.26
其他服务业	101749.58	130836.21	116292.92	116294.40	130836.29	138676.51	142460.78	144254.88	144397.42	144833.73
用水总量	5165655.78	5193295.94	5212494.72	5239747.47	5261956.01	5276133.95	5291722.12	5304465.48	5326023.23	5335452.62

基于江苏省 2010 年水资源投入产出表构建动态投入产出优化模型，模型以 GDP 最大和用水量最小作为目标函数，以动态投入产出平衡、经济发展、水资源的消耗作为约束，通过 MATLAB 求解。得到如下结果：

（1）从表 6-8 优化结果的产值来看，第二、第三产业的产值相对于农业的产值来说增加是比较大的，传统的化学工业、新兴的电子仪器业以及批发零售业在这些产业中的产值增加值是最大的。从表 6-9 中规划年每年总的用水量都可以看出除去生活用水和生态用水以外，生产用水依然是总用水中占比最大的部分。

（2）从表 6-10 和图 6-1 可以看出，两大高耗水产业农业和电力工业的用水量在总的用水量中的占比情况，和现状年 2010 年的用水量占比作比较，在经过优化以后，农业的用水量占比在规划期 2011~2020 年一直保持在 50%以下，而火电行业的用水量占比从 2011 年开始处于上升阶段，但是之后一直保持着平稳状态，从图中可以看出农业用水的比重始终在火电业的用水比重之上，且两者趋于平行，将此结果与表 6-3 中在现实发展情况下预测的用水情况相比，经过优化的农业用水和按现实发展情况的农业用水相比要小得多，而经过优化的火电行业的用水则要比现实发展情况的略高。说明优化将用水在产业之间重新分配，把农业的一部分用水转移到其他产业中，但是农业依然是各产业中最大的用水户。

表 6-10　农业和电力工业占生产用水比例

项目	2010 年	2011 年	2012 年	2013 年	2014 年	2015 年	2016 年	2017 年	2018 年	2019 年	2020 年
农业用水占生产用水比例/%	59.90	47.28	47.26	47.15	47.13	47.05	46.98	46.85	46.75	46.66	46.65
电力工业用水占生产用水比例/%	27.41	35.89	35.58	35.75	35.44	35.35	35.32	35.27	35.25	35.12	35.11

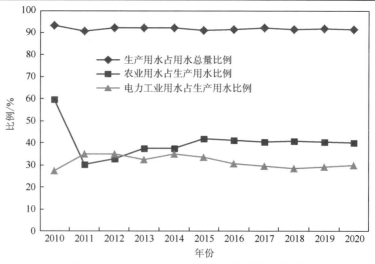

图 6-1　农业和电力工业用水占生产用水比例

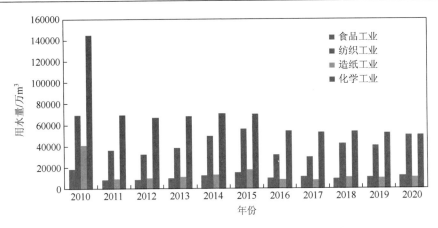

图 6-2 2010~2020 年四大高耗水行业用水变化情况

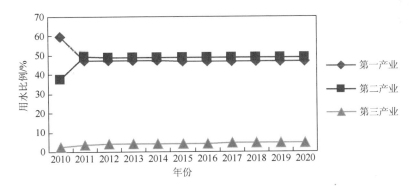

图 6-3 2010~2020 年三产用水比例变化情况

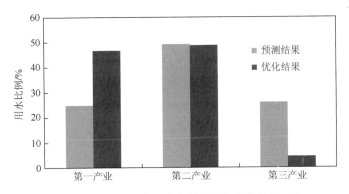

图 6-4 2020 年三产用水比例预测与优化结果对比

（3）图 6-2 比较了第二产业中四大高耗水行业：食品工业、纺织工业、造纸工业和化学工业的用水量的变化，在未来年里这四大行业的用水量始终是增长的，化学业的用水比重呈下降的趋势,但是其在四大高耗水行业中的比重始终是最高的,而造纸工业在整个用水中的占比的变化并不大,处于平稳状态,纺织工业和食品工业的用水比重在初期是处于平稳的状态,后期有上升的趋势,但是上升的比重也不大。这个结果和表 6-3 中在现实发展情况下预测的用水情况相比,经过优化的食品工业、纺织工业和化学工业的用水都要比预测的结果小得多,而造纸工业的用水比预测的结果略低,这说明水资源对造纸工业的约束并不大,但是造纸业不仅会消耗水资源,还会对水资源产生污染。因此对于耗水多、污染大的行业需要压缩其规模。

(4) 图 6-3 显示了 2010~2020 年三产用水在整个生产用水中占比的变化趋势,图中显示经过优化,2010~2020 年江苏省的第三产业不仅用水量在不断上升中,同时第三产业用水量占整个生产用水的比重也在不断上升。这说明产业之间的用水量正在发生着变化,服务业对水资源需求在增大,对水资源增加的贡献率在增加。同时 2010~2020 年江苏省第一产业用水变化呈现先急速后缓慢的下降趋势,最终维持在 46%~47%。第二产业用水的比重呈上升态势,2011 年开始超过第一产业用水比重,而后趋于平稳,维持在 48%~49%。经过优化水资源在产业间的分配发生了变化,将此优化结果与预测的结果对比,如图 6-4 可发现:预测与优化结果中的第二产业的用水比重差异并不大,但是第一产业和第三产业的用水比重和预测的结果有较大差异,预测结果中的第一产业和第三产业的用水比重趋于相同,此结果与近年的实际情况并不符合,考虑到粮食安全,尽管农业用水的单位产出小于工业和服务业,其用水比重仍然会维持在一定比例,不会出现一直下降的现象。因此,相较而言经过优化的结果较为合理。

经济发展和水资源相互影响,经济的快速发展离不开水资源的有效利用,水资源的短缺会限制经济的发展。同时提高水资源的有效利用率,也需要合理地调整产业结构,两者是紧紧联系在一起的,脱离任何一者的发展都是不可持续的,过分强调发展经济而忽略了水资源的承载力将会引发一系列的资源环境问题,合理有序的产业结构才能推动用水结构趋于合理。

6.6 本章小结

根据高、中、低三种情况下用水和经济发展状况分别对江苏省 2020 年的水资源需求和经济发展进行了预测,发现水资源与经济发展存在不匹配问题。为此,构建了产业结构的优化模型,模型设定了 GDP 最大和用水量最小两个目标,以保证经济的发展和资源的有效利用,以投入产出的平衡、经济和水资源的限制作为约束,并且将投资系数引入到动态模型中。通过计算得到 2011~2020 年江苏省各部门的产值，进而通过预测的直接取水系数求得江苏省 2011～2020 年各部门的用水量。最后将规划期的产值和用水量优化的结果与按照现有经济和用水状况下的未来的水资源和经济发展预测结果进行对比分析。针对结果提出相应的产业结构调整对策和建议，为江苏省合理地调整产业结构以及优化各产业部门的用水提供依据。

第7章 区域用水结构演变模拟

7.1 用水结构演变模拟的基本思路

在全面了解江苏省社会经济发展现状的基础上，分析水资源与经济、人口、环境子系统之间的主要因果关系和反馈回路，了解系统各要素间的相互影响和作用关系，明确模型参数和方程设置，通过系统分析和结构模拟，运用系统动力学方法，构建了江苏省水资源-经济复合系统模型。在对系统主要变量进行灵敏度分析的基础上，以对江苏省水资源-经济复合系统影响程度较大的区域 GDP 增长率作为关键调控变量，据此设置了经济高速发展方案、经济中速发展方案、经济低速发展方案和现状发展经济方案四种情景，通过对各方案下江苏省区域 GDP 总量、用水总量、水资源供需平衡比等情况进行模拟，分析江苏省未来用水结构变化情况，进而选择最优方案。

根据江苏省考虑用水的 2010 年投入产出扩展表，运用投入产出分析技术，对江苏省以各部门用水特性和经济效益特性为主要内容的产业部门综合效用进行定量分析和测度，识别对江苏省经济社会发展影响较大的关键产业部门，据此分析在优选方案下重点部门的发展情况，讨论江苏省未来产业结构的调整趋势，以期为江苏省用水结构和产业结构调整提供决策依据。

7.2 模型的结构

7.2.1 模型的边界

系统的边界是指问题研究中的系统变量要素，其所包含的组成部分应该能够表明边界内系统发展的动态行为。根据建模的目的，把与问题有重要关系的概念和变量包括进系统之内。从系统分析的层面来说，模型边界主要由物理边界和信息边界组成，物理边界是模型模拟的地域范围；信息边界包含模型模拟的参考模式和时限，二者构成一个统一的系统。针对问题研究的需要，以江苏省的行政分区为物理边界；模型的模拟时间确定为 2008～2025 年，基准年为 2008 年，步长为 1 年，其中 2008～2013 年是检验模拟阶段；2014～2025 是预测模拟阶段。

7.2.2 子系统的划分

根据系统理论的分解协调原理（即整体与局部关系原理），并考虑资料的可获取情况，将江苏省水资源-经济复合系统划分为三个子系统，即经济子系统、人口子系统和用水子系统。

经济子系统（包括第一产业子模块、第二产业子模块和第三产业子模块）是区域用水结构调控系统的核心，其行为影响整个系统的状态以及其他子系统的行为，经济发展需要消耗大量的水资源，但同时经济子系统又能为保护水资源与改善环境提供必要的物质条件。

人口子系统其存量主要由城镇人口和农村人口所决定。人口数量直接影响到生活用水量的数量，人口过快增长会加剧水资源供需矛盾，人的生产活动能够创造价值，同时也在消耗资源、排放污染物，对环境产生负面影响。

用水子系统从大的方面来说，包括生活、生产和生态三大用水主体。从小的方面来说，生活用水由农村居民生活用水和城镇居民生活用水组成；生产用水由以农田灌溉和林牧渔畜用水组成的第一产业用水，包含一般工业用水、火电工业用水的第二产业用水，建筑业用水以及以服务业为主的第三产业用水组成。生态用水包括城市环境用水、湿地补水和环境改善用水等。

7.2.3 主要的因果关系

因果关系图即表示各个子系统内部和系统之间的因果关系，是系统反馈结果的体现。系统诸变量间的因果关系是体现系统结构和系统整体性的关键环节。生活用水、生产用水和生态用水共享一个水资源系统，首先绘出单个系统的因果回路图，然后再绘出各个系统间的因果回路图，进而组成江苏省水资源系统的因果回路图（图7-1）（张玲玲等，2015b）。

在已经确定的模型边界内，江苏省水资源系统间存在四条反馈回路，其用水结构主要受人口、生产、生态等因素的影响。

其中，正反馈回路（R1）生产供水量的增加使得生产用水量有所增加，进而导致废水排放量增加，因此加大废水治理量，从而缓解了水资源可供量，使得水资源可供量有所回升，最后使得生产供水量进一步增加。

正反馈回路（R2）也是如此，生态供水量的增加保障并改善了生态环境的建设，使得常规水资源增加，保障了水资源的持续发展。

水资源可供量的增加，使得工业用水增加，而工业废水排放量也会因此上升，

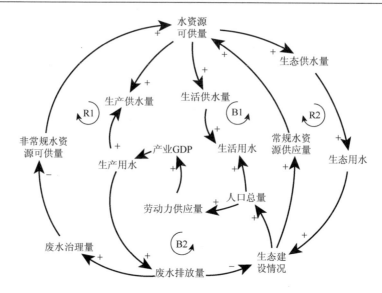

图 7-1 江苏省水资源-经济复合系统因果关系图

破坏了生态环境建设,进而使得水资源可供量有所减少,如此构成了负反馈回路(B1)。

生态环境建设得到改善,人口总量因此而增加,劳动力供应量也会相应的增加,劳动所带来的产业 GDP 也会随之增加,增加了生产用水,导致了废水排放量的增加,最后反而阻碍了生态环境的建设,构成了负反馈回路(B2)。

7.2.4 建立系统流图

系统动力学存量流量图简称系统流图,是在因果关系图的基础上进一步区分变量性质,用更加直观的符号表示系统要素之间的逻辑关系。运用系统动力学建模软件 Vensim 建立了江苏省水资源-经济复合系统流图,详见图 7-2。

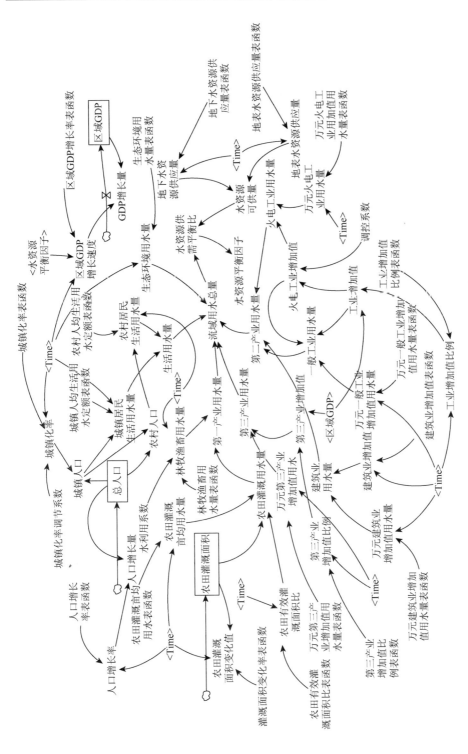

图 7-2 江苏省水资源-经济复合系统流图

7.3 模型的主要参数

模型的参数主要有常量、初始值、表函数等。

常量：在研究期间内变化甚微或相对不变的量，常量一般为系统中的局部目标或标准。

初始值：它是模型模拟的基准年的存量值，一般根据历史统计资料来确定。

表函数：表函数是以图表的方式，以表参数为基础，来描述模型中变量之间的非线性关系。

7.3.1 模型参数资料来源

（1）江苏省水资源公报（2002~2013年）；江苏省统计年鉴（2002~2013年）；《江苏省"十二五"规划》；《江苏省水资源综合规划》。

（2）由于江苏省部分数据的缺失，需要将江苏省的水资源数据及经济数据与现有数据进行指标对比及相关数据差补。

7.3.2 基本参数的确定

模型中的初始值是根据江苏省2008年的相关数据统计并处理得出的。部分主要常量、初始值及表函数的取值情况如下节所示。

7.3.2.1 人口子系统

模型中人口子系统要确定的主要参数有总人口、人口增长率、城镇化率等。2008年江苏省共有常住人口7762.48万人，其中城镇人口为4215.17万人，城镇化率为54.3%。基准年的人口自然增长率为2.30‰，江苏省多年来人口变动情况如表7-1所示。

表 7-1 江苏省 2002~2012 年人口变化情况

年份	总人口/万人	人口增长率/‰	农村人口/万人	城镇人口/万人	城镇化率/%
2003	7457.70	2.01	3969.73	3487.97	46.77
2004	7522.95	2.25	3898.39	3624.56	48.18
2005	7588.24	2.21	3756.18	3832.06	50.50
2006	7655.66	2.28	3682.37	3973.29	51.90

续表

年份	总人口/万人	人口增长率/‰	农村人口/万人	城镇人口/万人	城镇化率/%
2007	7723.13	2.30	3614.43	4108.70	53.20
2008	7762.48	2.30	3547.31	4215.17	54.30
2009	7810.27	2.56	3467.76	4342.51	55.60
2010	7869.34	2.85	3101.71	4767.63	60.58
2011	7898.80	2.61	3009.44	4889.36	61.90
2012	7919.98	2.45	2929.89	4990.09	63.01

由表 7-1 和图 7-3 可知，江苏省总人口一直保持平稳增长趋势，年均增长率为 2.38‰，2012 年江苏省总人口达到了 7919.98 万人，即将突破 8000 万大关。结合江苏省近年来的人口增长率和国家计划生育政策，最终确定模型中人口增长率的参数取值，见表 7-4～表 7-6。

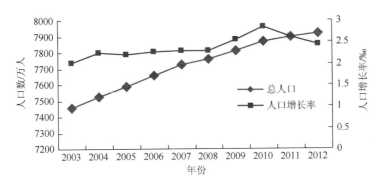

图 7-3 江苏省 2003～2012 年人口变动情况

江苏省城镇化率在近十年间不断提高，年均增长率为 3%，2012 年的城镇化率达到了 63.01%，未来随着江苏省城镇化进程加快，城镇化率将进一步扩大，结合《江苏省"十二五"规划》的预测数据，最终确定城镇化在模型中的取值，见表 7-4～表 7-6。

7.3.2.2 经济子系统

经济子系统要确定的主要参数有地区 GDP 及其增长率、农田播种面积、第二、第三产业增加值比例等。其中江苏省 2013 年农田播种数据缺少，因此采用插值法进行填补。江苏省 2003～2013 年产业结构变化如图 4-10 所示。

2003~2013年江苏省地区产业结构变化呈现以下特征：第一产业增加值比例整体呈现平稳下降态势，11年间下降了4%；第二产业增加值比例经历了两个发展阶段，即2003~2005年的增长阶段，此时是江苏省工业化进程最快的阶段，由54.55%增加到56.59%；2005~2013年呈现下降趋势，年均减少率为1%，2013年第二产业增加值比重首次不足50%，为49.18%；第三产业增加值比例一直保持上升趋势，由2003年的36%增长到2013年的45%，这说明江苏省已步入工业化中后期，第三产业开始逐渐占据产业主导地位，产业结构类型较为成熟。

由图7-4可知，江苏省农田播种面积变化幅度很小，基本保持稳定状态，按照国家制定的耕地"占补平衡"的保护政策，江苏省各个行政区域已加大实施耕地保护和减少耕地占用的力度，保持耕地总量动态平衡，预计未来研究期内播种面积在现有面积的基础上与现状基本持平，模型中播种面积变化率取值为2008年1%，2015年0.0%，2025年0.2%。

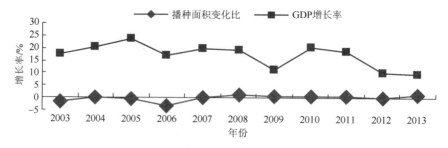

图7-4 江苏省2003~2013年经济增长率与播种面积变化情况

江苏省GDP增长率在2003~2013年总体上呈现逐渐下降的趋势。十年间经历了"三起三落"的变化发展过程，2005年区域GDP增长率达到了23.96%，2008~2009年由于金融危机的影响，GDP增长率受到了较大程度的影响，经过短暂回升之后，江苏省经济逐步进入到转型调整时期，GDP增长率逐年降低，2013年的区域GDP增长率为9.44%，经济发展速度更为合理，在模拟期内，江苏省GDP发展速度将受到政府宏观调控、劳动力和原材料成本上升、能源资源制约等因素影响，发展速度将进一步降低，结合历史统计数据最终确定江苏省2008年、2015年、2025年模型运行参数GDP增长率取值分别为19%、8%、5.5%。

7.3.2.3 用水子系统相关参数的确定

通过查阅《江苏省水资源公报》关于水资源利用相关数据，可计算出2003~

2013 年江苏省地区用水细化指标，如表 7-2 所示。

表 7-2　江苏省 2003～2013 年主要用水指标

年份	总用水量 /亿 m³	农村人均用水定额 /（L/日）	城市人均用水定额 /（L/日）	居民生活用水量 /亿 m³	生态用水量 /亿 m³	农田灌溉用水 /亿 m³	第二产业用水量 /亿 m³	第三产业用水量 /亿 m³	农田亩均灌溉用水量/m³
2003	421.50	86	135	29.30	2.60	199.00	157.30	6.00	357.00
2004	514.60	84	137	29.80	2.90	264.40	184.20	6.30	490.00
2005	517.70	85	140	30.78	3.01	239.60	209.60	7.11	442.00
2006	540.20	86	141	31.57	3.04	244.30	222.20	9.35	446.00
2007	545.30	87	142	32.40	3.08	238.70	227.20	10.57	464.00
2008	549.30	88	143	32.98	3.10	255.20	211.30	10.84	444.00
2009	549.20	88	143	33.59	3.18	266.20	196.50	11.92	463.00
2010	552.20	88	143	34.00	3.20	270.30	193.80	13.00	463.00
2011	556.60	88	143	34.40	3.30	273.80	194.90	13.30	461.00
2012	552.20	88	143	34.70	3.30	267.80	195.20	13.70	430.00
2013	498.90	88	143	35.50	3.20	264.10	144.40	13.80	448.00

从表 7-2 可以看出，江苏省 2003～2012 年总用水量总体趋势保持平稳，2013 年的总用水量相较往年有较大程度的下降。

农业用水量一直是江苏省用水大户，其中以农田灌溉用水量为主，其用水量常年占到总用水量的 50%以上，农田灌溉亩均用水量的多少将在很大程度上决定着江苏省水资源利用状况。随着农村水利设施的完善和灌溉水利用系数的提高，未来农田亩均用水量将逐渐降低。

城镇和农村居民人均用水定额在近些年一直保持稳定，未来变化趋势应该也基本稳定，不过随着人口数的不断增加，居民生活用水量将逐年增加。

近年来江苏省一直加大对生态用水的比例，生态用水逐年增加。生态环境需水除了受绿化区域面积和湖泊面积影响外，还受到政府相关政策及规划的影响。根据《江苏省水利"十二五"规划》确定生态用水量为基准年（2008 年）为 3.10 亿 m³，2015 年为 3.40 亿 m³，2025 年为 3.90 亿 m³。

本模型把第二产业用水分为一般工业用水、火电工业用水和建筑业用水。由于江苏省一般工业用水和火电工业用水资料残缺，一般工业增加值、火电工业增加值和建筑业增加值只有 2008 年以后的数据，因此，主要统计了 2008 年以后的江苏省工业用水细分指标，如表 7-3 所示。

表 7-3　2008~2012 年江苏省第二产业用水细分指标

年份	一般工业用水量/亿 m³	万元一般工业增加值用水量/m³	火电工业用水量/亿 m³	万元火电工业增加值用水量/m³	建筑业用水量/亿 m³	万元建筑业增加值用水量/m³
2008	53.30	36.00	156.10	2472	1.90	11.03
2009	51.30	31.00	143.30	1780	1.90	9.04
2010	50.70	24.00	141.20	1568	1.90	7.67
2011	50.20	22.00	142.70	1419	2.00	6.84
2012	50.10	19.00	143.00	1205	2.10	6.53

由表 7-3 可知，在 2008~2012 年，江苏省万元一般工业增加值用水量、万元火电工业增加值用水量和万元建筑业增加值用水量均有不同程度的下降，这表明这些行业单位产值消耗的水资源量在逐年降低。其中万元一般工业增加值用水量由 2008 年的 36m³ 下降到 2012 年的 19m³，五年间下降了 12%；万元火电工业增加值用水量五年内减少了 1267m³；万元建筑业增加值用水量也呈现逐年下降趋势，年均下降率为 10.1%，未来随着产业水资源利用效率的逐步提高，第二产业的用水量将进一步减少，江苏省用水子系统相关参数取值见表 7-4~表 7-6。

7.4　模型的主要方程

系统动力学模型的方程主要由表函数方程、结构方程和初始值方程构成，三者有机结合构成一个完整的系统动力学模型的参数框架。使用 Vensim 软件编辑的 DYNAMO 程序方程如表 7-4~表 7-6 所示。

表 7-4　模型的表函数方程

序号	表函数方程
1	农田灌溉面积变化表函数（[（2008，0）-（2025，0.005）]，（2008，0），（2010，0.0041），（2015，-0.001），（2025，0.002））
2	城镇化率表函数（[（2008，0）-（2025，1）]，（2008，0.543），（2010，0.61），（2015，0.68），（2025，0.80））
3	工业增加值比例表函数（[（2008，0）-（2025，1）]，（2008，0.55），（2015，0.45），（2025，0.39））
4	第三产业增加值比例表函数（[（2008，0）-（2025，1）]，（2008，0.38），（2010，0.40）（2015，0.49），（2025，0.54））
5	林牧渔畜业用水量表函数（[（2008，0）-（2025，50）]，（2008，33.4），（2010，37.9），（2015，38.2），（2025，42.5））
6	区域 GDP 增长率表函数（[（2008，0）-（2025，1）]，（2008，0.19），（2012，0.10），（2015，0.08），（2025，0.055））
7	人口增长率表函数（[（2008，0）-（2025，0.01）]，（2008，0.0023），（2010，0.0028），（2015，0.0025），（2025，0.0023））

续表

序号	表函数方程
8	生态环境用水量变化表函数（[（2008，0）-（2025，5）]，（2008，2.60），（2010，3.08）（2015，3.40），（2025，3.90））
19	万元第三产业增加值用水量表函数（[（2008，0）-（2025，60）]，（2008，8.94），（2010，7.83），（2015，4.22），（2025，2.20））
10	万元一般工业增加值用水量表函数（[（2008，0）-（2025，3024）]，（2008，36），（2010，24），（2015，17.90），（2025，10.50））
11	农田灌溉亩均用水量表函数（[（2008，0）-（2025，500）]，（2008，444.00），（2010，463.00），（2015，430.00），（2025，350.00））
12	农田灌溉利用水系数表函数（[（2008，0）-（2025，1）]，（2008，0.51），（2015，0.58），（2025，0.65））
13	农村人均生活用水定额表函数（[（2008，0）-（2025，100）]，（2008，88），（2015，90），（2025，92））
14	城镇人均生活用水定额表函数（[（2008，0）-（2025，200）]，（2008，143），（2015，146），（2025，150））
15	万元建筑业增加值用水量表函数（[（2008，0）-（2025，20）]，（2008，11.03），（2010，7.67），（2015，6.27），（2025，4.81））
16	万元火电工业增加值表函数（[（2008，0）-（2025，400）]，（2008，247.2），（2010，156.8），（2015，79.35），（2025，52.34））
17	地表水资源供应量表函数（[（2008，0）-（2025，600）]，（2008，539.6），（2010，543.5），（2015，537），（2025，520.5））
18	地下水资源供应量表函数（[（2008，0）-（2025，10）]，（2008，9.7），（2010，8.7），（2015，8），（2025，6.4））

表 7-5 模型的初始方程

序号	初始值方程
1	城镇化率调节系数＝1
2	农田灌溉面积＝INTEG（灌溉面积变化值，11265.4）
3	区域 GDP＝INTEG（生产总值增量，30981.98）
4	水资源平衡因子＝IF THEN ELSE（水资源供需平衡比＞＝1，1，0.95）
5	水利用系数＝0.9
6	总人口＝INTEG（人口增长量，7762.48）
7	调控系数＝0.04

表 7-6 模型主要结构方程

序号	结构方程
1	农田灌溉面积变化值＝农田灌溉面积变化率表函数（Time）×农田灌溉面积
2	城镇化率＝（城镇化率表函数（Time）×城镇化率调节系数
3	第二产业用水量＝一般工业用水量＋火电工业用水量
4	第三产业用水量＝万元第三产业增加值用水量表函数（Time）×第三产业增加值/10000
5	第三产业增加值比例＝第三产业增加值比例表函数（Time）
6	第一产业用水量＝农田灌溉用水量＋林牧渔畜业用水量

续表

序号	结构方程
7	城镇人口＝城镇化率×总人口
8	火电工业用水量＝火电工业增加值×万元火电工业增加值用水量表函数（Time）/10000
9	火电工业增加值＝第二产业增加值×调控系数
10	工业增加值比例＝工业增加值比例表函数（Time）
11	农田灌溉用水量＝农田灌溉面积×农田灌溉亩均用水量/10000×灌溉水利用系数
12	农业人口＝总人口−城镇人口
13	林牧渔畜业用水量＝林牧渔畜业用水量表函数（Time）×水利用系数
14	区域 GDP 增长速度＝区域 GDP 增长率表函数（Time）×水资源平衡因子
15	区域用水总量＝第一产业用水量+第二产业用水量+第三产业用水量+生活用水量+生态用水量
16	水资源供需平衡比＝水资源可供量/区域用水总量
17	人口增长量＝人口增长率×总人口
18	人口增长率＝人口增长率表函数（Time）
19	生产总值增长量＝区域 GDP×区域 GDP 增长速度
20	生活用水量＝农村居民生活用水量+城镇居民生活用水量
21	生态用水量＝生态用水量变化表函数（Time）
22	万元一般工业增加值用水量＝万元一般工业增加值用水量表函数（Time）
23	一般工业用水量＝（第二产业增加值−火电工业增加值）×万元一般工业增加值用水量/10000
24	第二增加值＝区域 GDP×第二产业增加值比例
25	第三产业增加值＝区域 GDP×第三产业增加值比例
26	农村居民生活用水量＝农村人口×农村人均生活用水量表函数（Time）×365/1000/10000
27	城镇居民生活用水量＝城镇人口×城镇人均生活用水量表函数（Time）×365/1000/10000
38	农田灌溉亩均用水量＝农田灌溉亩均用水量表函数（Time）
29	建筑业用水量＝建筑业增加值×万元建筑业增加值用水量表函数（Time）/10000
30	建筑业增加值＝建筑业增加值表函数（Time）
31	水资源供应量＝地表水资源供应量+地下水资源供应量

7.5 模型的检验

任何模型投入实际使用或对其结果进行分析之前，都必须检验模型的模拟运行结果与实际行为是否相符，以保证模型的有效性和真实性。模型的检验内容不仅限于再现历史，方程式的量纲是否一致、重要因子的灵敏度都决定着模型能不能达到

7.5.1 结构检验

模型的结构检验包括模型系统的边界检验，方程量纲的一致性和参数估计的检验。系统边界检验目的是检验要解决的主要问题是否都纳入到模型中去了，是否有多余的变量或者缺少某些变量；参数估计检验主要检验参数设置、计算方法是否合理；而方程的量纲是否一致的检验，分为两大模块：一是检验量纲本身是不是具备现实意义，二是检验同一模型内的量纲是不是统一。

7.5.2 历史检验

模型的历史检验一般是选择过去某一时段，以历史数据和实际社会经济系统为标准，将模型仿真计算得到的结果与现实结果相比照，检验两者是否相匹配和一致，为模型行为模拟的可靠性和准确性做出判断。

模型检验模拟时限选定为 2008~2013 年，模型表函数及参数选用参照《江苏省统计年鉴》、《江苏省水资源公报》等，将模型模拟的 2008~2013 年江苏省总人口、区域 GDP 总量、第一产业用水量和农田灌溉面积的输出结果与现实结果进行一致性检验，对比结果见表 7-7。

表 7-7 模型历史检验结果

参数变量	比较分析	2008 年	2009 年	2010 年	2011 年	2012 年	2013 年
总人口	实际值/万人	7762.48	7810.27	7869.34	7898.80	7919.98	7939.49
	模拟值/万人	7762	7780	7800	7822	7843	7864
	相对误差/%	0	0.39	0.88	0.97	0.97	0.95
区域 GDP 总量	实际值/亿元	30 981.98	34 457.3	41 425.48	49 110.27	54 058.22	59 161.8
	模拟值/亿元	30 982	36 574	42 394	48 233	53 847	58 962
	相对误差/%	0	6.14	2.33	−0.17	−0.03	−0.03
第一产业用水量	实际值/亿 m^3	291.1	304.1	308.2	310.3	305.3	302
	模拟值/亿 m^3	281.66	290.14	298.73	296.12	293.56	291
	相对误差/%	3.24	4.59	3.07	4.56	3.84	3.64
生活用水量	实际值/亿 m^3	32.98	33.59	34.00	34.40	34.70	35.50
	模拟值/亿 m^3	33.39	34.09	34.81	35.24	35.67	36.09
	相对误差/%	−1.24	−1.48	−2.38	−2.41	−2.79	−1.66

由表 7-7 可知,被测试的存量模拟值与实际数据进行对比,相对误差介于-2.79%~4.59%,拟合精度较高,表明模型可用于模拟和预测。

7.5.3 关键调控变量的确定

水资源复合利用模型调控变量的确定需要对主要变量进行灵敏度分析,主要功能在于分析参数变化对单个用水部门的用水行为以及区域用水结构造成影响是否显著,以识别影响系统运行的关键因子,其计算公式如下:

$$Sq = \left| \frac{\Delta q(t)}{q(t)} \cdot \frac{x(t)}{\Delta x(t)} \right| \quad (7-1)$$

式中,t 为时间;$q(t)$ 为变量 q 在 t 时刻的值;$x(t)$ 为变量 x 在 t 时刻的值;Sq 为变量 x 对参数的敏感度,$\Delta q(t)$ 和 $\Delta x(t)$ 分别为变量 q 和变量 x 在 t 时刻的增长量。敏感度均值表示所有变量对某一参数的敏感度,具有更强的稳定性,从 1 到 n 的敏感度均值可表示为

$$S = \frac{1}{n} \cdot sqi \quad (7-2)$$

式中,n 为变量个数;sqi 为 qi 的敏感度;S 为参数 x 的平均敏感度。

选取了水资源供需平衡比和需水总量两个变量,通过分析人口增长率、农田灌溉亩均用水量、第二产业增加值用水量等 11 个参数对这两个变量的灵感度情况,进而辨识出影响江苏省水资源复合利用系统的关键参数,具体方法为:从 2008~2025 年每个参数逐一逐年变化 10%,求出每个参数的平均敏感度。灵敏度分析结果如图 7-5 所示。

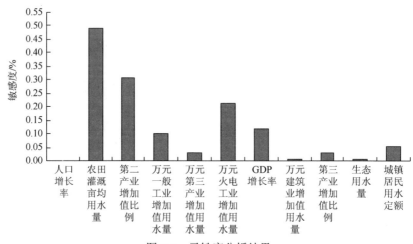

图 7-5 灵敏度分析结果

由图 7-5 可知，灵敏度均值大于 5%，对水资源复合利用系统影响较大的参数依次为农田灌溉亩均用水量、第二产业增加值比例、万元火电工业增加值用水量、区域 GDP 增长率、万元一般工业增加值用水量、城镇居民人均生活用水量。这六个参数是影响江苏省水资源-经济复合系统关键的参数，决定着江苏省用水格局的未来发展状况。

7.6 用水结构演变的情景方案设计

系统动力学模型初始运行只是基于现状发展情况，按照现有参数设计和决策变量取值进行模拟预测，而本身并不能产生优化方案，因此，需要借助情景设计，通过设计模型相关决策变量并进行模拟，以确定不同情景下系统状态的相应变化，找出合理的调整方向。

7.6.1 方案设定依据

在其他关键调控变量保持不变的情况下，将 GDP 增长率作为唯一决策变量，设定高、中、低以及现状经济增长率四种发展速度，继而设计了经济高速增长模式、经济中速增长模式、经济低速增长模式和现状经济发展模式，分析其对区域主要用水主体用水行为的影响，得出区域经济增长速度与区域发展经济总量、总用水量、水资源供需比之间的响应关系，并最终优选出能够保障江苏省经济社会可持续发展的方案。

现状发展经济方案的 GDP 增长率是在既定参数取值下按照根据参数设定的系统历史发展水平，不对影响系统运行的参数进行调整下的结果输出；经济中速发展模式中的 GDP 增长率依据江苏省近十年 GDP 增长情况，并结合《江苏省"十二五"规划》中的指导思想和《江苏省循环经济发展规划》相关数据计算得出，2015 年和 2025 年经济中速方案 GDP 年增长率分别为 7.5%和 5.2%；高、低方案 GDP 年增长率分别为中速方案取值基础上增加、减少 10%求得。

7.6.2 各情景方案之 GDP 总量分析

GDP 总量大小是衡量一个地区经济发展情况最重要的指标，也是评价江苏省用水结构模拟方案优劣的重要参考指标。由图 7-6 可知，随着产业规模的不断增大，模拟期内江苏省经济总量将进一步增加。其中在经济高速发展方案下 GDP 增幅最大，年均增长率为 9.87%，2025 年的 GDP 总量相较于 2015 年翻了一番，达到了

141 839 亿元；经济低速发展方案 GDP 增幅最小，GDP 总量由 2015 年的 70 433 亿元增加到 2025 年的 124 571 亿元，年均增长率为 7.68%；经济中速发展方案和现状经济发展方案 GDP 增速分列二、三位，年均增长率分别为 8.7% 和 9.43%，在 2025 年 GDP 总量分别为 132 595 亿元和 138 421 亿元。

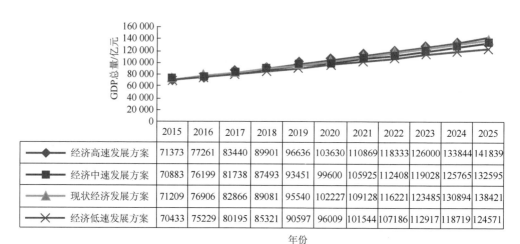

图 7-6　不同经济发展方案下的区域 GDP 变化情况

7.6.3　各情景方案之用水总量分析

由图 7-7 可知，江苏省未来用水总量总体上呈现逐渐下降的趋势，这与工农业部门不断提高用水效率、大力发展水资源循环利用、增加节水投资、应用节水设备是分不开的。在经济高速发展方案下，由于注重经济发展速度，加之用水效率提高缓慢，产业用水增加明显，用水总量在 2015～2018 年有小幅增加过程，从 2015 年的 499.82 亿 m^3 增加到 2018 年的 503.93 亿 m^3，随着产业部门用水效率的逐渐提高，高耗水行业的逐渐减少，第三产业等低耗水行业的迅速发展，2018～2025 年间用水量逐年下降，年均下降率 6.09%，在 2025 年的用水总量为 482.43 亿 m^3；经济低速发展方案经济发展速度较低，通过提高产业用水效率节约下来的水资源足以支撑由于产业规模增大所需的水资源，因此用水总量一直保持逐年降低的趋势，在此种发展方案下，对经济增长速度的要求没那么严格，更加注重绿色经济的发展，因此其用水量下降趋势最为明显，由 2015 年的 497.54 亿 m^3 减少到 2025 年的 459.49 亿 m^3，年均下降率为 7.65%；经济中速发展方案用水量降低的变化幅度介于经济高速发展方案和经济低速发展方案之间，总体趋势较为平稳，2025 年区域用水总量分别为 470.14 亿 m^3 和 477.88 亿 m^3。由此可见，经济发展速度对于用水量的消耗具有重大的影响作用。

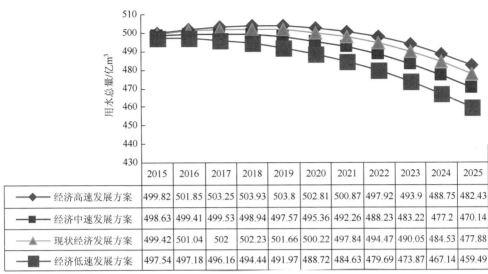

图 7-7 不同发展方案下的用水总量变化情况

7.6.4 各情景方案之水资源供需平衡比分析

水资源供需平衡比大小反映的是该地区水资源的开发利用情况，供需比越大，表明水资源供给能力越强；供需比越小，供给能力越弱。由图 7-8 可知，随着江苏省最严格水资源管理制度的实施，用水总量控制、产业结构转型等调控措施效果的日益凸显，江苏省水资源供需平衡比在四种模拟发展方案下都呈现出逐年增加的变化过程，实现了由供需平衡比小于 1 到 2019 年前后水资源供需平衡比大于 1 的转变。四种发展方案下，2025 年江苏省水资源供需平衡比分别为 1.062、1.087、1.11 和 1.072，意味着江苏省供水量将大于需水量，水资源供需矛盾将得到缓解。在水资源供需平衡比变化过程中，经济发展速度的快慢一定程度上影响供需平衡比变化的大小和幅度，经济发展速度越快，水资源供需平衡比上升幅度越小；发展速度越慢，供需比上升幅度越大。具体来说，经济高速发展方案下在 2021 年供需比大于 1，而低速发展方案下 2018 年即达到这一目标，较之前者提前了三年，相对于经济中速和现状经济发展方案分别提前了一年和两年。

7.6.5 综合结果分析

经济高速发展方案虽然能够带来较高的经济产值，但水资源消耗量过大同样是个不能忽视的问题，且江苏省 2025 年 GDP 增长率依旧保持 8.25%的可能性很

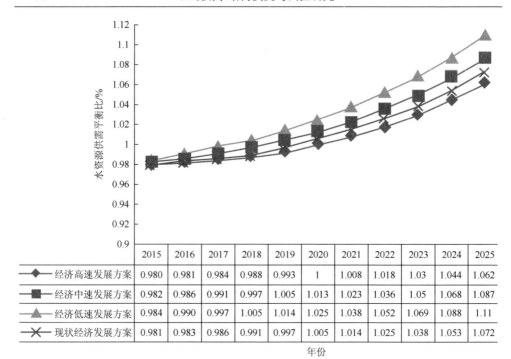

图 7-8　不同发展方案下的水资源供需平衡比变化情况

小，此种方案下，各产业部门往往想方设法通过扩大生产规模、加大资金投入来提高其生产产值，而不会通过技术改进和产业结构转型实现更高质量的发展，该方案对经济社会的可持续协调发展危害较大；经济低速发展方案虽然用水量相较其他发展方案最小，水资源供需平衡比最大，符合缓解江苏省水资源供需矛盾和建设"两型社会"的目标，但过低的经济产值与江苏省建立基本经济现代化目标的总体目标不相适应，经济下行必然会对居民收入、产业发展、社会稳定造成不良影响；经济中速发展方案相较于现状经济发展方案水资源供需平衡比更大，用水量更小，虽说 GDP 总量较小，但 2025 年 132 595 亿元的经济总量基本符合江苏省综合发展规划要求，且 5.2%的 GDP 增长率相对来说更为合理和健康，更有利于经济的可持续发展。综合模拟期内不同方案下江苏省区域 GDP 总量、总用水量、水资源供需平衡比变动情况，最终选择经济中速发展方案作为模型优化的推荐方案，未来江苏省经济发展速度可参考经济中速发展方案参数取值进行规划。

7.7　重点产业部门的确定

在江苏省经济发展过程中，产业结构调整已作为一个重要问题提到日程。产业部门是社会经济发展的主体,产业部门的演变调整必须适应经济社会发展的要求,同时还必须取得与水资源约束下的协调发展(沈家耀等,2016)。

根据灵敏度分析结果显示,六个参数中城镇居民人均生活用水量不在产业部门分类中,因此在产业部门用水效用评价中不予考虑。余下的五个关键参数可归属为产业部门的取水和经济效益两方面。其中,第二产业增加值比例和区域GDP增长率可归为产业部门的经济效益方面;农田灌溉亩均用水量、万元一般工业增加值用水量和万元火电工业增加值用水量可归为产业部门的取水方面。

根据2010年江苏省水资源投入产出延长表,分析测度各产业部门的取水特性和经济效益情况,进而确定各产业部门用水综合效用评价指标,将产业用水综合效用评价指标排名靠前的设定为江苏省重点发展部门,通过对江苏省水资源利用系统动力学模拟求得在优选方案下重点部门发展情况,以此为江苏省实现产业升级和用水结构调整提供决策依据。产业用水综合效用评价指标的确立为各单项指标值乘以其相应权重再加总之和。其中,指标权重越大,说明对该指标的重视程度越高;权重越小,则该指标在产业发展过程中容易被忽视。

7.8 江苏省产业部门综合效用测度方法

投入产出分析技术是通过国民经济部门之间投入产出的关系来揭示各部门间经济技术的相互依存、相互制约的数量关系的分析方法。将水资源投入纳入到投入产出表中形成的水资源投入产出模型则直观地揭示了各个用水部门之间用水量和经济效益贡献之间的关系,用投入产出分析技术定量研究产业用水结构和综合效用情况具有独特的优势。

7.8.1 取水特性指标

部门在进行生产产品和提供服务时需要用水,还需要一定数量其他部门生产的产品和服务作为中间投入,而生产这些部门的产品和服务同样需要使用水资源。完全取水系数就是用来分析某一部门取水量与整个经济系统取水量之间的关系,因此将其作为取水特性指标更能够客观地反映某行业发展对当地水资源的需求情况,其计算表达形式为

$$\boldsymbol{B}_{wv} = \boldsymbol{B}_{wx}\hat{\boldsymbol{X}}\hat{\boldsymbol{V}}^{-1} \tag{7-3}$$

式中,$\boldsymbol{B}_{wv} = (b1^{wv}, b2^{wv}, \cdots, bn^{wv})$,$\boldsymbol{B}_{wv}$ 是以增加值计的完全取水系数矩阵,bi^{wv} 为以增加值计的第 i 部门完全取水系数,$\boldsymbol{B}_{wx}$ 为以产值计的完全取水系数矩阵,$\hat{\boldsymbol{X}}$、$\hat{\boldsymbol{V}}$ 分别为各部门总产出、增加值总量为元素的对角矩阵。

7.8.2 经济效益指标

经济效益是一切经济活动的核心，是所获成果和各种耗费的对比，选取水资源投入产出表中各产业部门总产出与总成本的比值作为经济效益指标 a_i^9，其计算公式为

$$a_i^9 = \frac{X_i}{H_i + D_i + V_i} \qquad (7\text{-}4)$$

式中，X_i 是 i 产业部门的总产出；H_i 是中间流量部分，i 部门在生产过程中消耗的中间投入货物和服务量；D_i 为初始投入中 i 部门的固定资产折旧；V_i 表示 i 部门在生产过程中所消耗的劳动量。

7.8.3 产业部门用水综合评价指标

产业部门用水综合评价指标的设计包括取水和经济效益两方面。其中以经济效益最为重要，其次是取水特性。通过专家咨询和查阅相关研究报告确定经济效益和取水权重分别为 0.65 和 0.35。

将每个部门的两项指标的标准化值与其相应权重相乘再加总，所得即为产业综合效应指标。计算公式为

$$Z_i = bi^{wv} \times w_i^w + a_i^9 \times w_i^9, \quad i = 1, 2, \cdots, n \qquad (7\text{-}5)$$

式中，Z_i 为 i 部门用水综合效用；bi^{wv} 为第 i 部门完全取水系数；a_i^9 为第 i 部门经济效益系数；w_i^w、w_i^9 分别为第 i 部门取水、经济效益指标的权重。

7.8.4 江苏省各产业部门用水综合效用分析

根据产业用水综合效用测度方法，在江苏省水资源投入产出表的基础上，对江苏省各产业取水和经济效益情况进行了计算分析，具体情况如表 7-8 所示。

表 7-8　2010 年江苏省 21 个产业部门发展情况

行业	完全用水系数（万元增加值）	产业部门总产出/亿元	产业部门总成本/亿元	产业部门经济效益
农业	1538.71	4257.06	4257.06	1.0000
煤炭采选业	132.85	264.78	203.93	1.2984
石油天然气	147.39	1984.15	1560.87	1.2712
其他采掘业	362.67	229.40	190.79	1.2024

续表

行业	完全用水系数(万元增加值)	产业部门总产出/亿元	产业部门总成本/亿元	产业部门经济效益
食品工业	1425.47	3659.53	2908.81	1.2581
纺织工业	714.88	9403.76	8312.36	1.1313
森林工业	815.17	1401.50	1203.81	1.1642
造纸工业	445.00	2120.81	1834.25	1.1562
化学工业	614.79	13 617.98	11 880.50	1.1462
建材工业	353.62	2980.31	2539.36	1.1736
冶金工业	486.84	13 574.40	12 174.32	1.1150
机械设备工业	293.56	25 083.06	21 668.82	1.1576
电子仪器	283.88	14 821.75	13 600.97	1.0913
其他制造业	595.09	639.51	555.24	1.1659
电力工业	2604.13	3474.72	3149.17	1.1034
水的生产和供应业	173.56	283.06	196.65	1.4394
建筑业	325.12	9677.13	8784.14	1.1017
运输邮电业	70.88	4029.52	3458.39	1.1651
批发零售业	30.71	5136.12	2682.39	1.9148
住宿餐饮业	482.05	1489.50	1413.43	1.0538
其他服务业	69.68	16 300.15	12 011.80	1.3570

由表 7-8 可知,江苏省各行业完全用水系数存在较大差异。其中电力工业的完全取水量最大,为 2604.13m^3,其次是农业、食品加工业、森林工业、纺织业等行业。完全用水系数大小与行业的生产方式有关,如电力行业需要大量的水资源作为发电的动力来源,水资源是其生产过程中最重要的生产原料,且其生产过程需要消耗大量其他行业提供的产品和服务作为中间投入,导致其用水量较多,扩大其生产将会对江苏省水资源产生较大的压力。其中批发零售业的完全用水系数仅为 30.71m^3,是电力行业完全用水系数的 1.17%。其他服务业、运输邮电业、水的生产和供应等行业完全用水系数同样较小,表明这些行业在其生产过程中对水资源消耗量较小,因此在水资源约束条件下,未来江苏省可大力发展此类行业。

在经济指标中,产业部门总产出最大的是机械设备行业,达到了 25 083.06 亿元,但其付出的总成本同样巨大,为 21 668.82 亿元,导致经济效益在 21 个部门排名中位于下游;农业部门虽说总产出较大,但由于没有生产净税额和营业盈余的产值加成,其总成本等于总产出,经济效益为1,在 21 个部门排序中排名末位;批发零售业是 21 个部门中经济效益最好的行业,经济效益为 1.9148。此外,运输邮电业、水的生产和供应业、其他服务业等行业排名靠前，表明这些行业的投入产出比最小，其生产的产品和服务往往附加值较高，未来可优先发展这些行业。

7.8.5 江苏省重点发展部门的确定

首先对 2010 年江苏省部门取水、经济效益两项指标数据进行标准化处理，标准化公式为

$$x'_{ij} = \frac{x_{ij} - \min_{i}\{x_{ij}\}}{\max_{i}\{x_{ij}\} - \min_{i}\{x_{ij}\}}, \quad i=1,2,\cdots,m; j=1,2,\cdots,n \quad (7\text{-}6)$$

式中，x'_{ij} 为标准化处理后的数据；x_{ij} 为原始数据。

经过这种标准化所得的新数据，各要素的极大值为 1，极小值为 0，其余的数值均在 0～1，在标准化处理过程中，选用取水量的倒数值，因此两项指标均属越大越优型。具体处理结果见表 7-9。

表 7-9 江苏省国民经济各产业部门特性分析

行业	取水指标	经济效益指标	综合效用
农业	0.0083	0.0000	0.0029
煤炭采选业	0.2220	0.3262	0.2897
石油天然气	0.1989	0.2965	0.2623
其他采掘业	0.0737	0.2213	0.1696
食品工业	0.0099	0.2821	0.1868
纺织工业	0.0315	0.1435	0.1043
森林工业	0.0262	0.1795	0.1258
造纸工业	0.0579	0.1708	0.1313
化学工业	0.0386	0.1599	0.1174
建材工业	0.0759	0.1898	0.1499
冶金工业	0.0519	0.1257	0.0999
机械设备工业	0.0939	0.1722	0.1448
电子仪器	0.0975	0.0981	0.0979
其他制造业	0.0403	0.1659	0.1219
电力工业	0.0000	0.1130	0.0735
水的生产和供应业	0.1671	0.4803	0.3707
建筑业	0.0836	0.1111	0.1015
运输邮电业	0.4265	0.1805	0.2666
批发零售业	1.0000	1.0000	1.0000
住宿餐饮业	0.0525	0.0588	0.0566
其他服务业	0.4340	0.3903	0.4056

重点发展部门应该在注重提高经济效益的同时，尽可能地减少取用水资源，取得水资源约束和经济效益约束下的综合发展，谋求产业用水综合效用的最大化。

根据表 7-9，批发零售业、其他服务业、水的生产和供应业、运输邮电业、煤炭采选业等行业排名靠前，其中批发零售业在取水和经济效益效用评价中均居首位，在产业用水综合效用排名靠前的以第三产业居多，这说明第三产业在提高行业效益，促进节约用水方面具有独特的优势，发展上述行业有利于缓解水资源供需矛盾，更好地建设"两型社会"，实现经济社会的可持续发展，未来江苏省应大力发展此类低耗水、高附加值的行业，逐步提高第三产业在国民经济中的比重；农业因其用水量巨大，加之经济效益较差，未来发展趋势不容乐观，但农业发展情况关乎国计民生，是国家重要的基础产业，未来江苏省需要投入更多精力扶持农业发展，提高农业用水效率，提升农产品产量和产品附加值，提高农业部门经济产值；纺织工业虽然经济效益排名靠前，但其消耗的水资源量过多，影响了其综合效用排名，这说明走资源消耗型道路是行不通的，不符合未来产业结构和用水结构演变规律的行业必将逐渐退出历史的舞台。

针对江苏省经济社会发展特点和综合发展规划，选取产业用水综合评价指标排名靠前的 8 个部门作为江苏省产业的关键发展部门，这些产业部门的发展情况一定程度上决定着江苏省未来的用水结构和产业结构的发展水平，是江苏省未来必须重点关注的部门。

根据产业用水综合效用计算结果，江苏省关键发展部门为批发零售业、其他服务业、水的生产和供应业、运输邮电业、煤炭采选业、石油天然气业、食品工业、其他采掘业。

7.9 经济中速发展方案下关键部门取水和经济效益情况

根据产业用水综合效用评价指标计算结果，选取了 8 个部门作为江苏省产业关键发展部门。系统动力学模型优选出的经济中速发展方案是未来江苏省用水结构调控的推荐方案，分析优选方案下的江苏省关键产业部门的发展情况，有助于更好地识别关键部门未来的发展情况，从而对江苏省产业结构和用水结构调整提供决策依据。

通过系统动力学模型模拟可求得在经济中速发展方案下江苏省 2025 年产业部门总用水量和总增加值情况，模型运行结果显示江苏省 2025 年产业总用水量为 429.27 亿 m^3，产业总增加值量 132 594.99 亿元。

若以江苏省 2010 年水资源投入产出表计算比例结果为基准，假定各部门的用水量和增加值量占各产业总量的比例在模型模拟时间段内保持不变，由此可计算出 2025 年在经济中速发展方案下关键部门的产业用水综合效用情况，具体结果见表 7-10。

表 7-10　中速经济发展方案下 2025 年江苏省关键部门发展情况

重点发展部门	用水量/亿 m³	经济增加值量/亿元
煤炭采选业	0.07	443.38
石油天然气	0.19	1922.59
其他采掘业	0.19	211.49
食品工业	0.75	3206.60
水的生产和供应业	1.18	593.63
运输邮电业	0.63	5385.67
批发零售业	1.05	12 001.25
其他服务业	7.27	31 144.53
合计	11.33	54 909.14

由表 7-10 可知，江苏省 2025 年关键发展部门总用水量为 11.33 亿 m³，占行业总用水量的 2.63%，增加值量为 54 909.14 亿元，占总增加值量的 41.4%。8 个关键部门用不到 3%的水资源创造出了超过 40%的 GDP 总量，余下的 13 个部门创造 60%的 GDP 总量需要消耗超过 97%的水资源。说明了关键部门在未来发展过程中，将以较小的水资源消耗实现较大规模的经济效益，充分展现了关键部门在未来产业结构和用水结构中的关键地位，江苏省应大力发展以批发零售业为主的服务业，同时加快对石油天然气、煤炭采选业等传统行业的升级换代，走新型工业化道路，逐步降低能源和资源消耗，提高经济整体素质。

7.10　本章小结

本章通过明确人口、经济和用水各子系统间相互关系，建立了因果关系回路图，并确定参数取值和模型结构方程，进而构建了江苏省水资源-经济复合系统模型。将区域 GDP 增长率作为关键调控变量，设置了四种情景模拟方案，并将各方案下江苏省区域 GDP 总量、用水总量、水资源供需平衡比情况进行对比分析。综合比较分析，经济中速发展方案用水量较少，GDP 总量较大，更有利于经济社会的可持续发展，是江苏省未来进行用水结构调整的优选方案。

除此之外，基于江苏省 2010 年考虑用水水平的投入产出表，运用投入产出分析技术，对江苏省各部门用水特性、经济效益特性以及产业部门综合效用进行了定量分析和测度，并确定了包括批发零售业、其他服务业、水的生产和供应业等 8 个关键产业部门，通过模型求解出在优选方案下关键部门的发展情况，结果显示 8 个关键产业部门用不到 3%的总用水量创造出了超过 40%的 GDP 总量，未来江苏省应大力发展这 8 个产业部门，并改进传统行业，进行产业结构和用水结构升级调整。

第8章 区域用水结构与经济增长的空间分析

随着江苏省城市化和工业化进程快速推进，经济快速发展使江苏省面临水资源供需矛盾日益严重的问题。用水的长期演变趋势与现有的用水总量、用水结构之间存在密切联系，不合理用水会放大对水需求，加剧供需矛盾，并使生活、工业、农业等用水挤占生态用水，导致生态问题形成恶性循环。调整用水结构是实现水资源优化配置、解决水资源利用矛盾的首要举措。用水与区域的经济社会发展关系密切，经济增长对用水量和用水水平有着显著影响，全面了解用水结构与经济增长之间的动态关系有助于建立高效合理的水资源政策。

根据 Tobler 的地理学第一定律,任何事物之间都是相互联系的且相近者相似，地理位置邻近的空间对象，其属性值趋于相似。空间相关性的存在使得传统计量分析的结果与实际有偏差，空间统计和空间经济计量模型研究如何将空间交互作用和空间结构并入回归分析中，能更好地描述客观事实，鲜见有文献采用空间经济计量方法对用水结构的空间相关性、空间分布模式及其与经济发展的作用机制进行研究。

空间自相关方法可通过空间权重矩阵刻画任一地域单元及其邻近单元间的空间关系与关联程度，因此，应用该方法能够阐明用水结构变化的空间关联程度，并揭示其空间分布模式，而空间面板计量经济模型通过嵌套空间和时间效应，阐明经济各因素对用水结构时空格局变化的影响，使设定的影响因素空间回归模型更符合实际。基于此，采用空间自相关分析方法揭示用水结构的时空格局演变特征，对江苏省 2009~2013 年各地级市用水结构空间分布及其变化特点进行分析量化，并根据不同空间权重矩阵的设定，借助空间面板计量经济模型探讨经济增长各要素对用水结构的作用机制和效应分解情况，定量甄别江苏省用水结构的主要影响因素，旨在为江苏省制定差异化用水策略提供科学依据。

8.1 研究方法与数据来源

8.1.1 区位熵

区位熵是区域经济学中衡量经济发展集中度的一种分析工具，主要用来衡量某一区域要素的空间分布情况，反映某一产业部门的专业化程度，以及某一区域在高层次区域的地位和作用等方面。区位熵是由哈盖特（P. Haggett）首先提出并运用于区位分析之中，又称专门化率。所谓熵，就是比率的比率。它是由哈盖特所提出的概念，其反映某一产业部门的专业化程度，以及某一区域在高层次区域的地位和作用。区位熵的计算公式为

$$LQ_{ij} = L_{ij} / \sum_{j=1}^{m} L_{ij} / \sum_{i=1}^{n} L_{ij} / \sum_{i=1}^{n} \sum_{j=1}^{m} L_{ij} \tag{8-1}$$

式中，i 代表第 i 个地区；j 代表第 j 个行业，L_{ij} 代表第 i 个地区的第 j 个行业的产出；LQ_{ij} 为 i 地区行业的区位熵。当 $LQ_{ij} > 1$，表明 i 地区的区位经济在全国来说具有行业优势；$LQ_{ij} < 1$ 时，表示为行业劣势；$LQ_{ij} = 1$ 时，表示行业为一般水平。

8.1.2 用水结构区位熵

用水结构区位熵衡量的是某地区某类用水在区域中的相对集中程度。

$$D_{ij} = Y_j^i / Y_i / W_j / W \tag{8-2}$$

式中，D_{ij} 为 i 地区 j 行业用水量的区位熵；Y_j^i 为 i 地区第 j 行业用水量；Y_i 为 i 区域用水量；W_j 为 j 行业用水量；W 为区域总用水量。$D_{ij} > 1$，表示 i 地区 j 行业用水量所占比大于区域平均值；$D_{ij} < 1$，表示 i 地区 j 行业用水量所占比小于区域平均值。

通过该公式可计算出江苏省农业用水、工业用水和生活用水区位熵，由此可以了解各用水部门的详细情况和特点，为我们获得一个整体的认识奠定了基础，本书将以3个单一指标区位熵作为综合区位熵评价指标，以此分析某区域用水结构综合情况。

由于评价指标的侧重点和意义不同，所以不同指标对于评价结果的重要性也不一样，这就有必要对不同的指标设置与其在评价体系中的重要性相符的权重系数，有所侧重才能科学、客观地得出评价结果。权重系数一般居于 0~1 之间，权重之和为 1，即

$$0 \leqslant W_i \leqslant 1 ; \quad \sum_{i}^{n} W_i = 1 \tag{8-3}$$

采取的指标权重的确定方法是 AHP 法，即层次分析法，它是由 T. L. Saaty 提出的一种简便、灵活而又实用的多准则决策方法。它的特点是把复杂问题中的各种因素通过划分为相互联系的有序层次，使之条理化，根据对一定客观现实的主观判断结构（主要是两两比较）把专家意见和分析者的客观判断结果直接而有效地结合起来，将一层次元素两两比较的重要性进行定量描述。而后利用数学方法计算反映每一层次元素的相对重要性次序的权值，通过所有层次之间的总排序计算所有元素的相对权重并进行排序。经过计算，农业用水、工业用水和生活用水

指标权重分别为 0.199、0.347 和 0.454。

用水结构综合区位熵计算公式：

$$C_{ij} = \lambda_1 D_1 + \lambda_2 D_2 + \lambda_3 D_3 \tag{8-4}$$

式中，C_{ij} 为用水结构综合区位熵，反映出评价区域用水结构的区位熵；λ_1、λ_2、λ_3 分别为农业用水、工业用水和生活用水对应的权重系数，D_1、D_2、D_3 分别为相对应的用水结构区位熵。其中农业用水区位熵为负向指标，因此在进行用水结构综合区位熵计算中对其进行取倒数处理。若 C_{ij} 值越大，表明该地区用水结构综合区位熵越大，用水结构越合理；C_{ij} 值越小，则说明该地区用水结构越不合理，需要进行水资源的优化再分配。

8.2 空间模型构建

8.2.1 ESDA：空间自相关分析

ESDA 是一种在评估和测试之前描述性动态因素来解释空间格局的较为复杂的回归模型，其独特之处在于通过空间权重矩阵建立本区域与周边邻域之间的空间关系，并通过空间滞后向量确定每一个区域的空间邻域状态，一般采用全局空间自相关（Moran I 或 Geary C）和局部空间自相关（G 统计量、Moran 散点图和 LISA）来衡量。

采用 Moran I 指数法对江苏省用水结构的空间相关性进行检验。全域 Moran I 指数是测度全局自相关最常用的指标，主要用来判断要素的属性分布是否有统计上显著的聚集或分散现象，其表达式为

$$I = \frac{\sum_{i=1}^{n}\sum_{j=1}^{n} W_{ij}(Y_i - \bar{Y})(Y_j - \bar{Y})}{\sum_{i=1}^{n}(Y_i - \bar{Y})^2} \tag{8-5}$$

在无空间相关性的零假设下，利用 Moran I 指数构建的标准正态统计量为

$$Z = \frac{I - E(I)}{\sqrt{\text{Var}(I)}} \tag{8-6}$$

式中，n 为区域数目；Y_i 是在区域 i 的观测值；Y_j 是在区域 j 的观测值；$\bar{Y}$ 是观测区域的平均值；W_{ij} 为二进制的空间邻接矩阵；$E(I)$ 和 $\text{Var}(I)$ 分别为 I 值的均值和标准差；Z 值介于 -1 到 1 之间，当 Z 显著且为正时，表明存在正的空间自相关；当 Z 显著且为负时，存在负的空间自相关；当 Z 为零时，则说明观测值呈随机分布。

8.2.2 模型设定

一般对于空间外溢效应的研究普遍采用了空间计量模型，Anselin（1988）对空间计量经济学进行了系统研究，将经典计量经济学中忽略的空间因素纳入模型中。空间计量模型的基本模型包括空间滞后模型（SAR-PANAL）、空间误差模型（SEM-PANAL）、空间交叉模型（SAC-PANAL）、空间杜宾模型（DURBIN-PANAL）以及空间 GMM 估计模型。本书实证研究所设定的基础分析模型如下：

$$Y_{it} = \delta \sum_{j=1}^{N} W_{it} Y_{it} + C + X_{it}\nu + \mu_i + \varepsilon_{it} \quad （SAR） \quad (8-7)$$

$$\begin{cases} Y_{it} = C + X_{it}\nu + \mu_i + \varphi_{it} \\ \varphi_{it} = \rho \sum_{j=1}^{N} W_{jt} + \varepsilon_{it} \end{cases} \quad （SEM） \quad (8-8)$$

$$\begin{cases} Y_{it} = \delta \sum_{j=1}^{N} W_{it} Y_{it} + C + X_{it}\nu + \varphi_{it} \\ \varphi_{it} = \rho \sum_{j=1}^{N} W_{jt} + \varepsilon_{it} \end{cases} \quad （SAC） \quad (8-9)$$

$$Y_{it} = \delta \sum_{j=1}^{N} W_{it} Y_{it} + C + X_{it}\nu + \sum_{j=1}^{N} W_{jt} X_{ijt} \eta + \mu_i + \varepsilon_{it} \quad （SDM） \quad (8-10)$$

式中，C 表示常数项；W_{it} 表示空间加权系数；μ_i 表示个体固定效应；X_{it} 表示解释向量变量；ν 表示解释变量的回归系数变量；δ 表示空间滞后因变量自回归系数；ρ 表示空间误差自回归系数；η 表示自变量空间回归系数。

在四种模型中，空间交叉模型同时包含了空间滞后项和空间误差自回归结构。当 $W_{jt}=0$ 时，就得到了空间滞后模型，称之为 SAR 模型，空间滞后模型除了引入被解释变量的滞后项以外，还额外加入了解释变量，其表现了空间滞后自相关形式的空间效应；当 $W_{it}=0$ 时，就得到了空间误差模型，主要分析存在扰动项之中的空间依赖作用，度量邻近地区关于因变量的误差冲击对本地区观测值的影响。杜宾模型由空间滞后模型演变而来，即在解释变量中加入了外生变量的空间滞后项。

8.2.3 直接效应和溢出效应

Lesage 等（2008）提出用求解偏微分方法来检验解释变量的溢出效应。作为空间杜宾模型能够捕捉不同影响因素所产生的外部性和溢出效应，适于进行直接

效应和溢出效应的分析，其向量形式为

$$Y_t = (I - \rho W)^{-1} \varphi t N + (I - \rho W)^{-1}(X_t \beta + W X_t \theta) + (I - \rho W)^{-1} \varepsilon_t^* \quad (8\text{-}11)$$

式中，Y_t 为 t 时刻被解释变量向量，X_t 为 t 时刻解释变量矩阵；tN 为所有元素均为 1 的向量；ε_t^* 是白噪声向量 ε_t 空间效应和时间效应的组合；θ 与 β 一样为未知的参数向量。t 时刻不同空间单元的被解释变对解释变量中的第 k 个独立变量 ($X_{ik}, i=1,2,\cdots,n$) 的偏微分矩阵为

$$\left[\frac{\alpha Y}{\alpha X_{it}}, \cdots, \frac{\alpha Y}{\alpha X_{nk}} \right] = \begin{bmatrix} \frac{\alpha y_1}{\alpha X_{1k}} & , \cdots, & \frac{\alpha y_1}{\alpha X_{nk}} \\ \frac{\alpha y_n}{\alpha X_{1k}} & , \cdots, & \frac{\alpha y_1}{\alpha X_{nk}} \end{bmatrix} = (I-\rho W)^{-1} \begin{bmatrix} \beta_k & W_{12}\theta_k & \cdots & W_{1N}\theta_k \\ W_{21}\theta_k & \beta_k & \cdots & W_{2N}\theta_k \\ \vdots & \vdots & & \vdots \\ W_{N1}\theta_k & W_{N2}\theta_k & \cdots & \beta_k \end{bmatrix}$$

(8-12)

定义直接效应为方程（8-12）右侧矩阵的对角线上的元素，它表示任意给定的一个解释变量的改变对该地区的影响；间接效应（或溢出效应）为右侧矩阵非对角线上元素行（或列）之和的平均，它表示任意给定的解释变量的改变对其他地区的影响。

8.3 指标选取与数据来源

8.3.1 样本选择与变量描述

本研究所需数据主要来自于江苏省和各地市统计年鉴、江苏省水资源公报、各地市统计公报、各地市科技统计公报，数据纵向覆盖 5 年（2009~2013 年），横向覆盖江苏省 13 个地级市，共 65 个决策单元，所采用的数据是面板数据。由于面板数据具有信息量大、包含更多的变化以及变量之间共线性较弱的特点，使用面板数据会获得更高的自由度，从而可增加参数估计的有效性。同时由于每个时间断面的地市之间用水结构存在着空间相关性，可以在普通面板数据模型基础上，通过融入空间和时间效应的空间面板计量模型探讨各选定因素对用水结构变化时空格局变化的影响。

将用水结构作为被解释变量，如何度量其与经济增长之间的作用关系，首先需解决的是选择合适的解释变量。结合经济增长理论，参考相关文献的指标设计，将第一产业增加值比例、第三产业增加值比例、城镇化率、科技进步指数、劳动力人数、市场化指数作为经济增长的代表性指标，分别用 N、P、R、J、L、Z 表示。同时对所有非比例型数据进行对数化处理，以消除数据间的异方差性。

8.3.2 空间权重指标的选取

为了综合测度江苏省用水结构区位熵的空间外溢效应，空间权重矩阵 W 的设置分别以地理特征、社会经济特征两个角度建立包括邻接标准和距离标准在内的空间权重矩阵，以便更为准确地把握用水结构与经济增长之间的关系。

8.3.2.1 地理特征空间权重矩阵

经济事物与其所处的地理空间位置有着密切的联系，由于区域地理区位的邻近，用水结构区位熵存在明显的空间相关，本书设定的地理特征空间权重矩阵包括邻接标准和地理距离标准，其中邻接标准为（0，1）矩阵，对角线上元素为0，其他元素满足

$$W_{ij} = \begin{cases} 1, i和j空间相邻 \\ 0, i和j空间不相邻 \end{cases} \quad (i \neq j) \tag{8-13}$$

空间邻接标准认为空间单元之间的联系仅仅取决于二者相邻与否，即只要不同空间单元相邻，则认为它们之间具有相同的影响强度，这在用水结构研究中是不符合客观事实的。因此，我们通过地理距离标准构造空间权重矩阵。

地理距离权重矩阵考虑更远的空间单元之间的关系，它的形式见式（8-14）。W_{ij} 为第 i 行和第 j 列的矩阵元素，行和列都对应空间单元，对角线上的元素为零。d_{ij} 为空间单元 i 和空间单元 j 之间的地理距离，我们采用各个省份省会城市之间的直线欧几里得距离来表示。

对于省份内部距离，采用如下公式：

$$d_{ij} = (2/3)\sqrt{\text{area}_i / \pi} \tag{8-14}$$

式中，area_i 为第 i 个市的面积。a 为系数，用城市间最短距离 $d_{\min}$ 的倒数来代替，目的是为了消除距离度量单位对结果的影响，同时也避免权重的计算结果太小导致误差。为了简化模型和使得结果易于解释，空间权重矩阵常被标准化为每行元素之和为1，记标准化后的权重为 $W_{ij}^{\prime d}$。

$$W_{ij}^d = \mathrm{e}^{-\alpha d_{ij}} \ ; \quad W_{ij}^{\prime d} = \frac{W_{ij}^d}{\sum_j W_{ij}^d}, \quad i \neq j \tag{8-15}$$

8.3.2.2 嵌套空间权重矩阵

虽然用水结构区位熵的空间外溢具有距离属性，但是仅仅采用地理特征表现

用水结构的空间联系显得较为粗糙,并且与事实存在一定的偏差。用水结构必然受到其他多种非地理邻近因素的综合影响,如经济发达程度的差异。为此,我们需要从经济特征角度出发,去刻画更为复杂的用水结构空间联系。其潜在的含义在于,一个地区经济越发达,其吸收邻近地区的用水结构外溢效率越高,其自身用水结构也将随之改善。嵌套空间权重矩阵形式如式所示:

$$W_{ij}^e = W_{ij}^d diag(\bar{Y}_1/\bar{Y},\bar{Y}_2/\bar{Y}_1,\cdots,\bar{Y}_n/\bar{Y}_1) \qquad (8\text{-}16)$$

式中,W_{ij}^e 为空间距离权重矩阵,W_{ij}^d 为距离权重矩阵,$\bar{Y}_i$ 为观察期内第 i 省的 GDP 均值,$\bar{Y}_i$ 为总观察期内 GDP 均值。

8.4 实证结果及分析

8.4.1 用水结构区位熵的空间相关性及集聚现象检验

区域用水结构 Moran I 指数用以解释区域用水结构区位熵的空间自相关性,计算结果见图 8-1。

图 8-1 显示了 2009～2013 年江苏省用水结构 Moran I 指数变动情况,可以看出,2009～2013 年 5 年间江苏省用水结构区位熵均存在着正向空间自相关性(系数在 0.66～0.75 之间波动,且均通过了 5%的显著性检验),表明江苏省区域用水结构熵并不是处于完全随机的状态,而是随着其他与之具有相近空间特征的地区用水结构的影响,在地理位置上呈现出集聚现象。因此在进行用水结构研究过程中,应充分考虑到其空间相关性的存在。

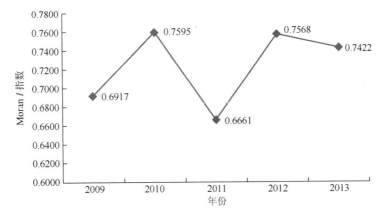

图 8-1 2009～2013 年江苏省用水结构区位熵 Moran I 指数及其变动

表 8-1　江苏省各地市 2009～2013 年用水结构区位熵变动情况

地区	2009 年	2010 年	2011 年	2012 年	2013 年
南京	1.54	1.44	1.54	1.50	1.48
无锡	1.59	1.64	1.48	1.53	1.51
徐州	0.74	0.69	0.83	0.69	0.70
常州	1.17	1.13	1.23	1.22	1.22
苏州	1.63	1.58	1.66	1.83	1.81
南通	1.06	0.99	1.06	0.94	0.95
连云港	0.55	0.53	0.50	0.60	0.61
淮安	0.59	0.70	0.66	0.64	0.65
盐城	0.72	0.66	0.60	0.54	0.55
扬州	0.81	0.86	0.79	0.78	0.79
镇江	1.23	1.32	1.23	1.20	1.19
泰州	0.83	0.93	0.75	0.81	0.81
宿迁	0.46	0.44	0.49	0.48	0.48

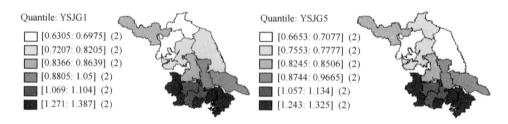

图 8-2　2009 年和 2013 年江苏省用水结构区位熵分布图

表 8-1 和图 8-2 分别是 2009～2013 年江苏省用水结构区位熵统计情况及分布情况，其时空演变趋势呈现以下特征：

（1）从时间上来看，近 5 年来江苏省用水结构区位熵总体变化趋势较为平稳，虽说用水结构平均区位熵相较于 2009 年有了一定的下降，但各地市间用水结构区位熵差距在逐渐缩小，表现为南京、无锡等用水结构区位熵较大的地市有了一定程度的下降，5 年间分别下降了 0.06 和 0.08。而宿迁、淮安等原本用水结构区位熵较差的地市有了不同程度的增加，如淮安市用水结构综合区位熵由 2009 年的 0.59 上升到 2013 年的 0.65。这说明江苏省用水结构正朝向更加合理、有序的方向发展，水资源在各用水部门分配中取得了更优的效果。

（2）从空间区域上来看，将江苏省按照经济发展水平划分为苏南、苏中、苏北三类地区。其中苏南地区为：南京、苏州、无锡、常州、镇江；苏中地区为：

扬州、泰州、南通；苏北地区为：徐州、淮安、盐城、宿迁、连云港。由表8-1可知，苏南地区用水结构区位熵最大，平均值达到了1.436；苏中地区次之，为0.877；苏北地区用水结构综合区位熵最小，为0.604。这说明苏南地区由于经济较为发达，产业结构较为高级，城市化水平较高，使得用水结构区位熵整体上处在较高的位置上；苏中、苏北地区相较苏南地区而言经济社会基础较差，工业化程度不高，农业用水依然占据总用水量的绝大部分，一定程度上挤占了工业和生活用水，直接降低了用水结构区位熵。

Moran I 散点图将每个地区以其观察值的离差为横坐标，以其空间滞后值为纵坐标表示于坐标系中，四个不同的象限分别对应了四种不同的局部空间联系。第一象限代表了高观测值的空间单元为同是高值的区域所包围的空间联系形式；第二象限代表了低观测值的空间单元为高值的区域所包围的空间联系形式；第三象限代表了低观测值的空间单元为同是低值的区域所包围的空间联系形式；第四象限代表了高观测值的区域单元为低值的区域所包围的空间联系形式。

局部空间自相关（LISA）认为每个空间单元彼此邻近，可有助于用水结构区位熵"热点"，进一步地说明了区域用水结构在空间分布上的局部特征。为了直观地表示Moran I 散点图，我们将结果直接标记在地图上，见图8-3。

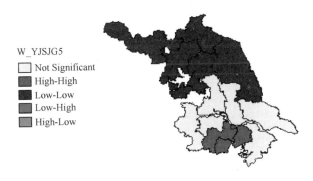

图8-3 2013年江苏省用水结构区位熵LISA集聚图

在用水结构区位熵LISA集聚图中，无锡市和常州市位于H-H象限，说明无锡和常州市自身具有较高的用水结构区位熵，且由于与相邻地市开展了多方面区域合作，促进要素流动，带动周边城市水资源利用，提高用水结构区位熵，从而形成了集聚现象；徐州、连云港、宿迁、淮安、盐城市均处于L-L象限，形成了一种所谓的"局部俱乐部集团"现象，其原因大致包括以下几个方面：第一，由于自身经济发展趋势较差，对用水结构的优化升级没有迫切的诉求，缺乏用水结构自发提升的动力和能力；第二，由于周边地市同样没有进行用水结构的良性发展，这对本地区的用水结构区位熵的提升起到了抑制作用。区域用水结构区位熵分布不平衡在一定程度上揭示了江苏省经济发展的不平衡现象,因此加快苏中、苏北地区用水结构优化升级刻不容缓。

8.4.2 空间面板计量模型检验结果

由用水结构区位熵 Moran I 指数以及 Moran I 散点图可以看出用水结构存在显著为正的空间自相关性,因此,考虑空间因素建立计量模型,进一步分析经济增长要素对用水结构区位熵的作用规律。

样本数据集合是江苏省 2009~2013 年各市数据,$T=5$,$N=30$,从面板数据理论来看,时间维度小于地区维度,属于短板数据,可以不需要进行单位根检验和协整检验。对于普通面板数据模型回归,首先要进行模型的选择,按照以上分析得出的基础计量模型以及输入变量,经 F 统计量检验(模型整体显著)、LM 检验(拒绝混合效应)、Hausman 检验,上述四类模型均采用个体固定效应模型。事实上,当样本随机取自总体时,选择随机效应模型较为恰当,而当回归分析局限于一些特定个体时,则应选择固定效应模型。对于按江苏省区域划分的用水结构与经济增长计量分析而言,固定效应显然是更好的选择。由于事先无法判断模型变量之间存在何种空间相关关系,所以将所有模型结果列入表中,从整个模型选择来看,各个模型的结果并没有表现出太大的差异,尤其是在系数的正负关系上,这也在一定程度上相互验证了空间面板模型的适用性。

8.4.2.1 不同空间权重路径下的用水结构集聚的溢出效应存在差异

由表 8-2 可知,空间自回归系数 ρ 通过了显著性检验,江苏省用水结构在地区间的溢出效应是存在的,但值得注意的是,在模型拟合优度检验项中,如综合拟合优度检验(R-sq)、自然对数值(loglikelihood)中,在嵌套矩阵下,面板模型有着更为强健的表现,在单纯考虑地理分布的距离和邻接权重矩阵下,模型的拟合优度较差,这说明地理位置上的"邻接"不一定能显著促进区域用水结构的集聚与发展。嵌套矩阵则是将距离矩阵和经济权重矩阵有机结合,认为空间溢出效应中同时蕴含着距离因素和经济因素。一般地,具有相似文化背景的空间单元之间隐性资源信息的传播与交流相对更容易,具有相似经济水平的活动单元能够很好地共享经济资源,从而趋近规模收益递增状态;距离越近,彼此间模仿和竞争行为会加剧,各方面属性值也会更加相似,因此在构建空间权重矩阵时,经济因素不容忽视,与单纯意义上的矩阵相比,同时考虑经济、地理因素的权重矩阵更符合客观实际。因此下一节均是在嵌套空间权重矩阵下进行最优模型选择以及分析经济增长要素对用水结构区位熵的影响关系。

表 8-2 江苏省用水结构区位熵与经济增长外溢的实证结果

模型变量	邻接空间权重矩阵				地理距离空间权重矩阵				嵌套空间权重矩阵			
	SAR	SEM	SAC	SDM	SAR	SEM	SAC	SDM	SAR	SEM	SAC	SDM
log L	2.898** (−3.04)	2.615** (−2.74)	2.892** (−3.04)	2.236* (−2.28)	2.853** −2.82	2.620* −2.55	2.970** −2.92	3.809*** −3.35	2.822** −2.81	2.506* −2.45	2.848** −3.01	3.055* −2.24
log J	−1.168 (−1.46)	−1.208 (−1.37)	−1.16 (−1.46)	−2.266* (−2.24)	−0.934 (−1.10)	−0.845 (−0.95)	−1 (−1.21)	−1.216 (−1.31)	−0.81 (−0.96)	−0.689 (−0.77)	−0.947 (−1.21)	−0.555 (−0.55)
log Z	1.639 −1.81	1.331 −1.22	1.638 −1.81	2.1 −1.08	1.544 −1.61	1.333 −1.32	1.647 −1.74	2.421 −1.25	1.419 −1.49	1.303 −1.31	1.568 −1.76	2.862 −1.63
log N	−1.031* (−2.07)	−0.925 (−1.70)	−1.019* (−2.06)	−0.62 (−1.14)	−1.113* (−2.11)	−1.171* (−2.13)	−1.049* (−2.01)	−1.483* (−2.33)	−1.061* (−2.03)	−1.082* (−1.97)	−0.963* (−2.00)	−0.983 (−1.54)
log P	1.613 −1.3	1.893 −1.42	1.59 −1.28	−0.18 (−0.08)	2.042 −1.57	2.299 −1.72	1.787 −1.33	1.348 −0.83	2.089 −1.63	2.277 −1.71	1.454 −1.16	1.201 −0.73
log R	−0.14 (−0.24)	−0.2 (−0.34)	−0.13 (−0.22)	0.551 −0.47	−0.16 (−0.25)	−0.224 (−0.36)	−0.0963 (−0.15)	0.488 −0.5	−0.189 (−0.30)	−0.199 (−0.31)	−0.124 (−0.21)	0.0511 −0.05
R-sq	0.4598	0.5989	0.4561	0.1467	0.6040	0.6954	0.5401	0.6146	0.6012	0.6908	0.4857	0.4992
log likelihood	110.1570	109.2024	110.1433	113.5402	107.6849	107.0812	107.7847	110.8980	108.4332	107.4950	109.2708	112.5647
sigma2 e	0.0018	0.0019	0.2277	0.0016	0.0020	0.0021	0.0025	0.0018	0.0020	0.0021	0.0023	0.0017
λ		−0.5228	0.008			−0.3200	0.2032			−0.338	0.3652	
Spatial rho	−0.5709		−0.5927	−0.4753	−0.3835		−0.5396	−0.4912	−0.3925		−0.6680	−0.4269
AIC	−168.3	−202.4	−166.3	−163.1	−163.4	−198.2	−161.6	−157.8	−164.9	−199	−164.5	−161.1
SC	−111.8	−185	−107.6	−93.5	−106.8	−180.8	−102.9	−88.22	−108.3	−181.6	−105.8	−91.55

注:括号内为 Z 检验值;*、**、***分别表示在 10%、5%、1%的显著性水平下显著。

8.4.2.2 空间面板计量模型的选择

Anselin(2004)提出在综合拟合优度检验(R-sq)、自然对数值(log likelihood,log I)、赤池信息准则(Akaike information criterion,AIC)和贝叶斯准则(Bayesian information criterion,BIC)等表征模型回归方程稳定性的检验指标中,若模型 R-sq、log I 的值越大,AIC、BIC 的值越小,模型的拟合效果越好。结合上述检验规则,在四种模型中,虽说空间杜宾模型的 AIC 和 BIC 值最小,但其 log I 值最大,考虑到其他模型也没有完全达到最优,且空间杜宾模型可以将空间溢出效应进一步分解为直接效应、间接效应和总效应,能够更为详细地阐述经济要素对用水结构的作用规律,因此选用空间杜宾模型(SDM)作为分析的优选模型。

8.4.2.3 经济增长要素对用水结构区位熵空间集聚的作用机制

劳动力人数对用水结构区位熵具有正面促进的作用,以嵌套空间权重矩阵为例，若劳动力人数每增加 1%，用水结构区位熵将增加 3.055%。随着经济社会不断发展和人们受教育水平程度不断提升，新增劳动力越来越多地进入到现代部门如服务业中就业，传统农业部门就业人数不断下降，这也与江苏省劳动力输出转移方向一致，劳动力人数的增加将创造更多的工业企业，直接增加工业用水和生活用水量，农业用水比重相应降低，用水结构区位熵将趋于更加合理。

第三产业增加值比例会显著促进用水结构的空间集聚，第三产业增加值比例是一个地区产业结构合理化的重要性指标，而产业结构的高级化与合理化会促进用水结构的优化，即产业结构升级与用水结构的优化其实是殊途同归，未来江苏省应进一步提高第三产业在经济中的比重。

城镇化率对用水结构同样具有正向的促进作用，其每增加 1%，用水结构区位熵增加 0.051%。城镇化率提高直接的结果就是城市人口数量增加，与之伴随着的就是生活用水量的增加，同时会促使各类产业的兴起和集聚，进而提高工业用水比重，优化用水结构。

非国有产值比重对用水结构的集聚产生显著的正向影响，该变量在不同空间权重矩阵下均通过了显著性检验，这表明非国有企业在促进水资源合理分配中具有重要的作用，非国有企业发展更具活力，更加注重提高效率，目前江苏省非国有经济产值已经占工业生产总值的 70%以上，大力发展非国有企业将有效地提高用水结构区位熵，缓解用水分配不合理问题。

科技进步指数对用水结构区位熵具有显著的负向作用。科技进步指数是由江苏省各地市科技进步环境、科技投入、科技产出、科技促进可持续发展四个方面合成的系统评价指数，科技进步指数越大，相应的第二、三产业生产经营方式和节水技术将有较大程度的改善提高，生产耗水量将减少，此消彼长，农业用水比重将随之增大，因此拉低了整体用水结构区位熵。未来江苏省可进一步提高农业生产灌溉技术，降低农业用水量。

根据表 8-2 分析结果显示，农业增加值比重不能提高区域用水结构，反而会对区域用水结构有反向抑制作用，农业增加值比重每增加 1%，江苏省用水结构区位熵将降低 0.983%。这说明现阶段江苏省农业发展的水资源代价太大，转变农业部门用水行为和用水量依旧是现阶段江苏省面临的主要任务。

8.4.2.4 经济增长要素对用水结构区位熵的边际效应分析

LeSage 和 Pace 认为各变量空间交互项的显著性表明有可能存在空间溢出效应，将自变量变化引致本区域和其他地区的因变量变化进一步分解为直接效应和间接效应，空间溢出效应是否真实存在可结合间接效应的显著性进行判断。其中总效应表示所有地区的解释变量所能引起的本地区被解释变量和其余相邻地区被解释变量变化总和的平均值。直接效应代表由所有地区解释变量所引起的本地区被解释变量变化总和的平均值；间接效应等于总效应与直接效应的差值，代表所有地区解释变量的变化引起的其余相邻地区被解释变量变化总和的平均值。

其中，空间滞后项即 W^* 系数的正负表示的是本地区自变量对邻近地区解释变量产生的是空间外部正效应还是负效应。由表 8-3 可知，第一产业增加值比例、科技进步指数、第三产业增加值比例以及市场化指数的系数均为正，分别为 0.312、7.53、2.897、1.873。表明这些变量对邻近地市的用水结构产生了正向的外部效应，而劳动力人数和城镇化率对邻近地区用水结构产生了负向的外部效应。

表 8-3　江苏省经济增长要素对用水结构区位熵效应情况

模型		空间杜宾模型（SDM）				
模型形式		$YSJG = \beta_0 + \beta_1 \log L + \beta_2 \log N + \beta_3 \log J + \beta_4 \log P + \beta_5 \log Z + \beta_6 \log R + \lambda W + \mu$				
W^*	$\log L$	−3.452 （1.80）	$\log J$	7.530 （2.35）	$\log Z$	1.873 （0.30）
	$\log N$	0.312 （0.15）	$\log P$	2.897 （0.56）	$\log R$	−0.404 （−0.15）
Direct	$\log L$	3.463 （2.330）	$\log J$	−1.201 （−1.050）	$\log Z$	2.931 （1.860）
	$\log N$	−1.024 （−1.590）	$\log P$	0.958 （0.590）	$\log R$	0.080 （0.070）
Indirect	$\log L$	−3.824 （−2.480）	$\log J$	6.215 （2.330）	$\log Z$	0.757 （0.150）
	$\log N$	0.671 （0.440）	$\log P$	1.862 （0.460）	$\log R$	−0.337 （−0.150）
Total	$\log L$	−0.361 （−0.190）	$\log J$	5.015 （1.670）	$\log Z$	3.688 （0.670）
	$\log N$	−0.354 （−0.200）	$\log P$	2.819 （0.690）	$\log R$	−0.256 （−0.130）

表 8-3 还展示了江苏省经济增长要素对用水结构区位熵的直接效应、间接效应以及总效应。间接效应不仅包含空间单元的变化对本单元因变量的影响，还包括这一变化产生的反馈效应，即空间单元自变量的变化通过影响邻近空间单元的自变量和因变量，继而又反过来影响本单元的因变量。

第三产业增加值比重和市场化指数的直接效应为正且间接效应同样为正，则说明了这两项解释变量的增加不仅可以调整自身要素配置结构，提升本地区用水结构，还可以通过溢出效应和联动效应影响邻近单元的相关滞后自变量，提升邻近地区内部各类要素的利用水平，进而推动邻近区域用水结构的进一步发展。与此同时，邻近地区用水结构的优化同样会对本地区用水结构产生积极的影响。

劳动力人数和城镇化率的直接效应为正，分别为 3.463 和 0.08，其间接效应为负，分别为–3.824 和–0.337。若两者变动 1%，则本地区用水结构同方向变动 3.463%和 0.08%，则邻近地区用水结构反方向变动–3.824%和–0.337%。说明了劳动力人数和城镇化率对本地区的用水结构产生正向的作用，会对邻近地区产生负向影响。

第一产业增加值比重和科技进步指数均表现出较显著的空间溢出效应，且均是负的直接效应和正的间接效应。这意味着第一产业增加值比重和科技进步指数对本区域用水结构优化产生扭曲影响的同时，也将对其他区域产生正的空间溢出效应。

8.5 本章小结

本章运用区域经济学中的区位熵原理，定量测度了江苏省农业用水、工业用水和生活用水区位熵，进而构造了用水结构综合区位熵。运用空间计量经济学研究方法，系统分析了江苏省用水结构的区域分布特征及分布格局。通过建立空间杜宾模型（SDM）、空间误差模型（SEM）、空间交叉模型（SAC）、空间滞后模型（SAR），分析了四种模型在邻接权重矩阵、地理距离权重矩阵、嵌套空间权重矩阵下的适用性，进一步探讨了用水结构差异的空间效应及其作用机制。

基于 2009~2013 年江苏省 13 个地市面板数据，考察了江苏省用水结构的空间相关性和集聚效应。将空间计量分析技术引入到江苏省用水结构与经济增长的实证研究中，研究发现江苏省用水结构存在明显的地域差异，苏南地区用水结构较为优化，地区间用水结构差异在逐渐缩小，江苏省用水结构整体上朝向更加合理有序的方向发展。江苏省用水结构并不是无规律的随机分布，而是存在较强的空间相关性，集聚现象明显，并有增强的趋势。用水结构与经济增长各要素之间存在密切的联系。

第9章 江苏省用水结构调控的对策建议

9.1 保障江苏省经济社会可持续发展，未来须以用水总量控制为约束

为应对日趋严峻的水资源形势，2009年我国政府提出了"最严格水资源管理制度"的治水新理念，后经2011年中央1号文件《中共中央国务院关于加快水利改革发展的决定》、2012年国务院3号文件《实行最严格水资源管理制度意见》、2013年国办发2号文件《实行最严格水资源管理制度考核办法》等多部高规格文件的颁发，确立了以水资源开发利用控制、用水效率控制和水功能区限制纳污"三条红线"为核心，以实行用水总量控制、用水效率控制、水功能区限制纳污和水资源管理责任考核"四项制度"为主要内容的水资源管理制度体系。该制度体系明确了2015年、2020年和2030年江苏省的用水总量控制的考核目标，分别为508.00亿m^3、524.15亿m^3和527.68亿m^3。同时，江苏省积极响应最严格水资源管理制度建设和考核工作，自2011年以来，先后出台了《关于加快水利改革发展推进水利现代化建设的意见》、《实行最严格水资源管理制度考核工作实施方案》等若干文件。目前最严格水资源制度考核工作已在全省范围内全面展开。这表明最严格水资源管理制度将是江苏省长期坚持的一项公共管理政策。

据《江苏省水资源公报》，自2005年以来，江苏省每年用水总量都超过508.0亿m^3，2012年用水总量达到552.2亿m^3，超过2015年的控制目标48.2亿m^3。2013年和2014年用水总量分别为498.9亿m^3和480.7亿m^3。这说明最严格水资源制度已在江苏省用水总量控制具体实践中发挥作用，政策效果开始显现。另据江苏省用水结构模拟与调控系统动力学模型，按照现状的社会经济发展模式不考虑最严格水资源管理制度的政策影响，江苏省2020年用水总量将达到575.83亿m^3，将远高于控制目标524.15亿m^3；而按照现状的社会经济发展模式考虑最严格水资源管理制度的政策影响，江苏省2020年用水总量将达到500.22亿m^3，在用水总量控制目标之内。

在水资源已成为制约江苏省经济社会发展的瓶颈的背景下，未来以用水总量控制为约束，谋求经济社会健康、高效、可持续发展，是江苏省经济社会发展的必然。

9.2 江苏省用水结构调控,存在优化空间

一个区域的用水总量是与经济社会发展水平、产业结构、科技水平密切相关的,具有一定的阶段性,往往呈现出倒"U"形曲线的规律。例如,美国国民经济用水总量就经历了 1950 年 2500 亿 m^3、1980 年达到峰值 6100 亿 m^3,之后明显回落,目前基本稳定在 4800 亿 m^3 左右的过程。近 10 年来,江苏省用水总量经历了从逐步攀升渐趋平稳的过程,2003 年全省用水总量 421.5 亿 m^3,2012 年上升到 552.2 亿 m^3,为爬坡期。农业灌溉是当前江苏省最大的用水户,约占用水总量的 50%。2012 年亩均灌溉用水量 430m^3,其中苏南、苏中和苏北分别为 486m^3、480m^3 和 397m^3,为德国等发达国家的 4 倍;农业灌溉水利用系数平均为 0.50,而发达国家则达到了 0.7~0.8,2015 年和 2020 年控制目标分别为 0.58 和 0.62。因此,农业节水潜力较大。

近十年来,江苏省工业用水量经历了先上升后趋于平稳的过程,2003 年江苏省工业用水量为 157.3 亿 m^3,2007 年达到高峰 227.2 亿 m^3,近几年稳定在 195.0 亿 m^3 左右。万元工业增加值用水量从 2005 年的 61m^3,下降到 2012 年的 19m^3,这在全国已处于较高水平,但这与 2020 年控制目标 18m^3,仍有一定差距,况且江苏省区域差异显著,苏北地区明显偏高,在 24m^3 左右徘徊。

随着人们生活水平和城镇化程度的不断提高,过去 10 年江苏省居民生活用水一直处于增长态势,2012 年城镇生活用水量在生活用水总量中的比重达 71%,并且将在一段时间内保持下去。

9.3 以用水结构的优化调控,推动产业结构的革新升级

压缩农业用水、增大生态和第三产业用水比例,以用水结构的优化调控,推动产业结构的革新升级,是江苏省经济社会发展的重要方向。

据江苏省用水结构模拟与调控系统动力学模型,在满足用水总量控制约束和不影响国民经济发展速度及保障粮食安全的前提下,未来用水结构的调控目标是:第一产业用水(以农业为主)控制在 50%以内,工业、第三产业、生活和生态等用水比例稳定在 30%、5%、10%和 5%。

通过对用水结构变动的因素分解的数据结果分析可知,产业技术效应对江苏省大部分的国民经济部门起到相当程度的抑制作用。因此,为优化调控江苏省用水结构,有必要从优化产业结构,改进产业技术水平方面进行调控,发挥产业技术的抑制效应,从而节约用水总量,最终实现优化调控用水结构的目的。

推进产业结构优化升级,发展低耗水环保型产业。以下两种思路进行用水结构调控:①假设经济总量一定,结合国民经济部门用水效率的特性,推进低耗水行业的发展,抑制高耗水行业的发展,通过部门结构的调整来从整体上减少用水总量;②假设供水量一定,结合国民经济部门用水效益的特性,推进高效益行业的发展,抑制低效益行业的发展,通过生产结构的调整在用水量一定的情况下增加经济收益,提高用水的经济产出。结合当前国家发展形势与未来发展战略,大力推进产业结构优化升级,在确保国民经济快速发展的同时,促进水资源水环境的和谐发展,最终推动产业用水结构的合理科学设置。

用水结构变动驱动因素中产业结构对拉动用水量的驱动作用可见,落后的产业技术和不合理的经济结构是造成用水结构变动中水量增加的重要原因。本书第4章对各个国民经济部门的用水特性进行了分析,结合江苏省"十二五"发展规划,制定符合江苏省省情的产业结构调整策略是当务之急。具体策略如下:

(1)农业是江苏省国民经济部门用水大户,用水量大而经济效益较低,因此在保障粮食安全的基础上,不断增强农业科技水平,强化农业节水、优化种植结构,大力增加低耗水农业种植比例,压缩农田灌溉用水量。首先要修缮输、灌水设施,改变地面灌溉方式,提高沟畦灌、滴灌、喷灌等高效灌溉方式比例,提高灌溉水利用率。其次,优化种植结构,根据雨期及作物的需水特性,合理安排作物布局;建立合理的灌溉制度,提高作物水分利用效率和效益。例如,2012年江苏省农田灌溉亩均用水量为430m^3,如通过节水措施能减少1.0%,按目前实际灌溉面积5926万亩计算,可节水2.72亿m^3,况且农业节水的潜力远不止于此。

(2)实现万元工业增加值从2012年19m^3到2015年16m^3和到2020年9m^3的控制目标的转变,保证工业增长率不受影响。这需要政府加强鼓励和监管,给予相应的政策支持,更需要企业善于探索技术革新,"并驾齐驱"来促进产业结构的转型升级。重点限制以钢铁、化工、建材以及原料工业为主的高耗水行业;稳定发展低耗水的加工业、制造业及高新技术产业;鼓励实施新能源、生物医药、节能环保、移动通信、文化创意等战略性新兴产业,培育新的经济增长点。电力工业是农业之后的第二用水大户,用水量大而经济效益较低,作为基础工业部门,原则上应以满足其他部门为限,同时重点发展太阳能、风能等新能源技术。

(3)在加强节水管理的同时,适当提高第三产业用水比例。建设第三产业节水监测和管理系统,加大对服务行业特别是桑拿、洗车、餐馆、酒店的用水监管力度。积极开展节水技术、节水器具和节水产品的推广和普及。第三产业和建筑业的用水产出效益较大且耗水程度较低,对此因大力发展第三产业,改变粗放发展模式,同时注意节约用水,特别是住宿餐饮业和其他服务业。促使产业结构转型升级,由传统粗放型经济向节水生态型经济过渡,实现水资源与经济社会的协调发展。

（4）处理好居民生活用水需求增大与水资源节约利用之间的博弈关系。一是设计合理的自来水水价，既要保障低收入人群的基本用水，又要遏制高收入群体水资源浪费；二是在住宅中普及推广节水型卫生洁具、水龙头、清洗设备；三是对公众进行节水法律、法规方面的教育，促进节水意识的培养和形成。

（5）在需求、调结构的同时，加强治污能力建设，鼓励利用非常规水资源。质和量是水资源的两个基本属性，缺一不可。加强对废水的处理，控制减少城镇生活污水和工业废水排放，提高入河排污达标率，否则在水量方面取得的成果也会被淹没其中。

总之，结合苏南、苏中和苏北地区的产业布局特点和用水差异，以用水结构优化调控为契机，建立经济社会发展的倒逼机制，是构建"经济发展高增长、水环境污染负增长"的节水高效新型产业模式，打造江苏省国民经济发展升级版的现实选择。

9.4 调整最终需求，引导节水型生产结构

最终需求效应是导致江苏省产业用水增加的最主要因素，特别是国内最终需求成长效应和出口成长效应起到关键性的拉动作用；而国内最终需求结构和出口结构的优化升级也可以起到有效的用水抑制作用。从最终需求的角度，分国内最终需求和出口两方面提出调控的对策建议，间接引导节水型生产结构，对用水结构的优化有关键性的可操作性。

最终需求调整的关键在消费，特别是居民消费。应制定相关政策意见等鼓励居民主动消费节水环保型商品和服务，从而也能间接带动生产者主动提高节水意识，生产节水型产品，最终引导节水型生产结构。最终需求能带动国民经济活力，若生产原料投入比重一定，此时最终需求对产出结构起关键作用，所以最终需求的调整会带动生产结构的调整，因此有必要从最终需求角度指出用水结构的调控方案。

近年来，消费在"三驾马车"中扮演着越来越重要的角色，因此，有必要重视消费层面用水结构调控措施的制定。随着城镇化的不断推进，江苏省城镇化水平进一步提高，居民消费逐渐向追求高品质产品和服务型消费观念转变，消费增长快，需求大。鉴于此，首先，要加快发展现代服务业和高科技产业，不断满足人们日益增长的消费需求，鼓励支持新兴产业；其次，在推进居民消费结构调整升级的同时，要引导理性的消费观念和行为，鼓励居民在消费过程中意识到节水的必要性，提倡节水型消费，在全省形成可持续消费模式。

除此之外，出口产品结构的调整也十分必要，虚拟水在出口调整中起到重要的作用。出口产品尽量以完全取水系数较低的国民经济部门生产的产品为主，进

口产品尽量以完全取水系数较高的国民经济部门生产的产品为主，可以有效地达到节水的目的。在江苏省出口产品中，应不断减少纺织业、食品业等传统制造业的出口比例，这类部门耗水量大，水污染严重，经济效益较低；与此同时，应大力推进耗水量小，对水环境影响小，同时经济效益高的产品的出口比例，例如电子通信设备类、交通运输仓储类、仪器设备类等部门的产品。

9.5 投资节水技术，降低用水强度

用水结构变动因素分解模型的结果表明，用水强度效应对用水量变动起到最主要的抑制作用。用水强度的变化主要通过节水技术的提高和完善加以实现，节水技术越完善，用水强度越低，用水量增加幅度越小。

要达到用水结构调控的效果，另一个关键点就是针对用水强度效应高的部门，采取有效措施降低用水强度，投资节水技术。降低用水强度的核心就是以尽可能少的用水量获得尽可能多的产出，提高用水效率，主要包括两种方式：①产出不变，用水量减少；②用水量不变，产出增加。为达到以上两种降低用水强度的效果，首先一点就是要找到那些用水强度高的部门，可以通过直接取水系数和相对取水系数的指标获取；其次，根据经济部门用水的特点，找出用水强度高的原因；最后，提出针对该部门的具体性措施，降低用水强度，提高用水效率。

农业用水效率和效益都较低，但由于农业是国民经济的基础部门，在考虑节水、制定降低农业用水强度战略时，应首先确保农业用水的优先性，对此，不能一味地为减少用水量而减少农业用水，而是要采用更加科学的农业节水技术，提高农业用水效率，从而降低农业用水强度。加大农业科技投入，种植更多高产出的农作物，提高农业灌溉效率，设计更加科学的农业节水器具，通过培训等方式提高农民的种植水平。只有大力发展现代农业，投资农业节水技术，才能更高效地降低用水强度，确保农业的可持续发展。

工业部门中有较多高耗水行业，用水强度高，例如纺织业、森林工业、电力工业等。针对工业部门的特点，首先应该顺应江苏省生态经济发展的需求，逐步淘汰落后产能，这些部门大多耗水量高，节水技术、设备和物料都较为落后，在给江苏省带来相对不高的经济效益同时破坏生态环境。其次，大力发展现代工业节水技术，投资研发国内外领先的节水新技术，改变传统的用水模式，逐步实现智能化、集约化和自动化。再次，针对电力工业这一第二用水大户，应不断降低火电循环用水的损耗率，提高电力节水设施和流程，降低电力部门用水强度。

服务业用水量占比相对较低，但随着第三产业的飞速发展，其用水需求将持续上升，为此应对第三产业的用水具有预见性，并针对服务业用水需求的发展趋势，推广节水技术，提高服务业从业人员的节水意识，自觉履行节水义务，采用

和设计各种节水工艺和流程。并利用水价对用水需求进行调控,降低第三产业的用水定额,提高用水效率。

9.6 加强法律法规建设,完善水资源管理体制

此外,要使用水结构调控真正发挥作用,关键还在政府。江苏省各地级政府应着手评估各市用水结构和经济增长的空间相关性,充分发挥经济增长各要素正向的外溢效应,如第三产业增加值比重和市场化指数。由于信息对称程度以及信任关系都会随着地理距离而出现衰减,加之我国较为明显的地方保护主义,这些都会在一定程度上加强经济增长要素外溢的本地属性。为此,江苏省未来要加强政府间合作交流,出台一些双边或多边协议,打破地区垄断,通过市场化机制和利益补偿机制,达成双赢局面,促进经济增长各要素在各区域之间互通有无机制的形成。

政府制定完善水资源相关法律法规建设,从制度上监督相关企业和居民依法履行相关用水义务,约束不法用水行为,实现不同地区法律法规和制度在空间上的溢出,最终实现最严格水资源管理制度的目标。水资源具有公共性,政府部门应依法履行节水、护水的职责,为经济发展、社会有序运行提供保障。

构建节水新型省份,不断提高用水效率,同时加强完善用水定额的相关规定和制度管理。建立科学切实的用水定额指标及其用水效率的控制红线,完善江苏省最严格水资源管理制度的实施细则。此外,建立科学可行的节水配套激励机制,积极鼓励企业主动从事节水项目,并给予政策支持和财政补贴。完善水资源保护的相关法律条例,对于违反相关规定的企事业和个人进行处罚,并进行针对性教育。

总之,水资源相关部门应各司其职,依法履行水资源管理职责,同时做好部门间工作的配合和沟通,提高水资源管理的效率和效果,确保水资源的合理开发和利用,不断推进水资源与社会经济的协调可持续发展,建设绿色生态新型省份。

9.7 本章小结

针对江苏省用水结构演变与调控的分析结果,提出用水结构调控的对策建议。主要包括:①保障江苏省经济社会可持续发展,未来须以用水总量控制为约束;②江苏省用水结构调控,存在优化空间;③以用水结构的优化调控,推动产业结构的革新升级;④调整最终需求,引导节水型生产结构;⑤投资节水技术,降低用水强度;⑥加强法律法规建设,完善水资源管理体制。

参考文献

陈成鲜,严广乐.2000.我国水资源可持续发展系统动力学模型研究[J].上海理工大学学报,22(2):154-159.

陈南祥,王延辉.2010.基于系统动力学的河南省水资源可持续利用研究[J].灌溉排水学报,29(4):34-37.

陈锡康,陈敏洁.1987.水资源投入产出模型及水价的计算问题[J].农业系统科学与综合研究,(2):1-17.

陈锡康,齐舒畅.2002.全国九大流域片水利投入占用产出模型研究[R].北京:中国科学院数学与系统科学研究院.

程国栋.2003.虚拟水——中国水资源安全战略的新思路[J].中国科学院院刊,18(4):260-265.

邸莉,汪德爟.2010.苏州市水资源承载力研究[J].水文,30(1):47-50.

方国华,钟淋娟,等.2010.水资源利用和水污染防治投入产出最优控制模型研究[J].水利学报,41(9):1128-1134.

符淼.2009.地理距离和技术外溢效应——对技术和经济集聚现象的空间计量学解释[J].经济学(季刊),8(4):1549-1566.

付强,崔海燕,邢贞相,等.2010.基于投入占用产出理论的黑龙江省水资源经济分析[J].黑龙江大学工程学报,1(4):34-39.

付雪,王桂新,魏涛远.2011.上海碳排放强度结构分解分析[J],资源科学,33(11):2124-2130.

付雪,王桂新,彭希哲.2012.哥本哈根会议目标下中国行业实际减排潜力研究——基于2007年中国能源—碳排放—经济投入产出表的最优化模型[J].复旦学报,78(4):114-124.

高鸣,宋洪远.2014.粮食生产技术效率的空间收敛及功能区差异——兼论技术扩散的空间涟漪效应[J].管理世界,(7):83-92.

郭家祯.2010.基于投入产出模型的多目标优化分析——中国水资源可持续利用研究[D].江苏:江苏大学.

国家统计局.2015.中国统计年鉴[M].北京:中国统计出版社.

何堃.1988.动态投入产出优化模型[J].系统工程理论与实践,(3):55-60.

何力,刘丹,黄薇.2010.基于系统动力学的水资源供需系统模拟分析[J].人民长江,41(3):38-41.

胡四一,王宗志,王银堂,等.2010.基于总量控制的流域允许取水量与允许排污量统一分配模型[J].中国科学E辑:技术科学,40(10):1130-1139.

黄莉新.2007.江苏省水资源承载能力评价[J].水科学进展,18(6):879-883.

黄林显,曹永强,赵娜,等.2008.基于系统动力学的山东省水资源可持续发展模拟[J].水力发电,34(6):1-4.

黄晓荣,张新海,裴源生,等.2006.基于宏观经济结构合理化的宁夏水资源合理配置[J].水利学报,3:371-375.

蒋桂芹, 赵勇, 于福亮. 2013. 水资源与产业结构演进互动关系[J]. 水电能源科学, 31（4）: 139-142.

季红飞. 2012. 《省政府关于实行最严格水资源管理制度的实施意见》政策解读[J]. 江苏水利, （8）: 7-7.

季民河, 武占云, 姜磊. 2011. 空间面板数据模型设定问题分析[J]. 统计与信息论坛, 26（6）: 3-9.

贾绍凤, 张士锋, 夏军, 等. 2004a. 经济结构调整的节水效应[J]. 水利学报, （3）: 111-116.

贾绍凤, 张士锋, 杨红, 等. 2004b. 工业用水与经济发展的关系——用水库兹涅茨曲线[J]. 自然资源学报, 19（3）: 279-284.

金占伟. 2007. 水资源、水环境投入产出分析[D]. 南京: 河海大学.

柯礼聃. 2002. 1949~2000年我国用水趋势的分析研究——兼论南水北调工程的规划基础[J]. 科技导报, （9）: 14-18.

雷明. 2000. 绿色投入产出核算[M]. 北京: 北京大学出版社.

雷社平, 解建仓, 阮本清. 2004. 产业结构与水资源相关分析理论及其实证[J]. 运筹与管理, 13（1）: 100-105.

雷玉桃, 蒋璐. 2012. 中国虚拟水贸易的投入产出分析[J]. 经济问题探索, （3）: 116-120.

李刚. 2007. 基于Panel Data 和 SEA 的环境 Kuznets 曲线分析——与马树才、李国柱两位先生探讨[J]. 统计研究, 24（5）: 54-59.

李丽萍, 左相国. 2010. 动态偏离-份额分析空间模型及湖北产业竞争力分析[J], 经济问题, （9）: 117-122.

李林红. 2001. 滇池流域可持续发展动态投入产出最优控制模型[J]. 控制与决策, （16）: 685-688.

李强. 1998. 中国经济发展部门分析[M].北京: 中国统计出版社.

李强强. 2009. 基于多目标动态投入产出优化模型的能源系统研究[D]. 武汉: 华中科技大学.

梁进社, 郑蔚, 蔡建明. 2007. 中国能源消费增长的分解——基于投入产出方法[J].自然资源学报, 22（6）: 853-864.

廖明球. 2009. 投入产出及其扩展分析[M]. 北京: 首都经济贸易大学出版社.

林光平, 龙志和, 吴梅. 2007. Bootstrap 方法在空间经济计量模型检验中的应用[J]. 经济科学, （4）: 84-93.

刘金华, 汪党献, 龙爱华, 等. 2011. 国民经济行业水量与水质综合评价模型及其应用[J]. 水电能源科学, 29（12）: 38-42.

刘兰翠. 2006. 我国二氧化碳减排问题的政策建模与实证研究[D]. 合肥: 中国科学技术大学.

刘起运, 彭志龙. 2010. 中国 1992~2005 年可比价投入产出序列表及分析[M]. 北京: 中国统计出版社.

刘燕, 胡安焱, 邓亚芝. 2006. 基于信息熵的用水系统结构演化研究[J]. 西北农林科技大学学报（自然科学版）, 34（6）: 141-144.

刘云枫, 孔伟. 2013. 基于因素分解模型的北京市工业用水变化分析[J]. 水电能源科学, 31（4）: 26-29.

卢超, 王蕾娜, 张东山, 等. 2011. 水资源承载力约束下小城镇经济发展的系统动力学仿真[J]. 资源科学, 33（8）: 1498-1504.

吕翠美, 吴泽宁, 胡彩虹. 2008. 用水结构变化主要驱动力因子灰色关联度分析[J]. 节水灌溉,

(2): 39-41.

雒晓娜. 2006. 投入产出系数的修订及其多目标优化模型应用研究[D]. 大连：大连理工大学.

马黎华, 康绍忠, 粟晓玲. 2008. 西北干旱内陆区石羊河流域用水结构演变及其驱动力分析[J]. 干旱地区农业研究, 26（1）: 125-130.

孟海. 2011. 基于空间数据分析的河北省环首都县域城乡一体化研究[D]. 秦皇岛：燕山大学.

南芳, 李杨, 孟艳玲. 2010. 唐山市产业结构与水资源消耗关系研究[J]. 经济研究导刊,（20）: 45-46.

潘雄锋, 刘凤朝, 郭蓉蓉. 2008. 我国用水结构的分析与预测[J]. 干旱区资源与环境, 22（10）: 11-14.

秦涛. 2010. 宝鸡市水资源优化配置及投入产出分析研究[D]. 西安：西安理工大学.

任英华, 沈凯娇, 游万海. 2015. 不同空间权重矩阵下文化产业集聚机制和溢出效应——基于2004—2011年省际面板数据的实证[J]. 统计与信息论坛, 30（2）: 82-87.

沈家耀, 张玲玲. 2016. 基于系统动力学——投入产出分析整合方法的江苏省产业用水综合效用分析[J]. 长江流域资源与环境,（1）: 16-24.

宋辉, 李壮壮, 弓艳华. 2010. 河北省十八部门非线性动态投入产出优化模型的应用[J]. 产业与科技论坛, 9（9）: 64-66.

孙才志, 谢巍. 2011. 中国产业用水变化驱动效应测度及空间分异[J]. 经济地理, 31（4）: 666-672.

田贵良, 许长新. 2011. 社会产品价格对水价的敏感性——基于虚拟水贸易框架的分析[J]. 中国人口·资源与环境, 21（2）: 41-48.

汪党献. 2002. 水资源需求分析理论与方法研究[D]. 北京：中国水利水电科学研究院.

汪党献, 王浩, 倪红珍, 等. 2005. 国民经济行业用水特性分析与评价[J]. 水利学报, 36（2）: 167-173.

汪党献, 王浩, 倪红珍, 等. 2011. 水资源与环境经济协调发展模型及其应用研究[M]. 北京：中国水利水电出版社.

王红瑞, 王岩, 吴峙山, 等. 1995. 北京市用水结构现状分析与对策研究[J]. 环境科学, 16（2）: 31-34, 72.

王佩玲. 1994. 系统动力学：社会系统的计算机仿真方法[M]. 北京：冶金工业出版社：25.

王全忠, 胡庆贺. 1986. 静态投入产出模式的一类优化问题[J]. 河南科学, 5（3）: 37-40.

王小军, 张建云. 2011. 区域用水结构演变规律与调控对策研究[J]. 中国人口·资源与环境, 21（2）: 61-65.

王小军, 张建云, 贺瑞敏, 等. 2010. 干旱区用水结构变化及趋势探讨——以陕西省榆林市为例[J]. 干旱区资源与环境, 24（10）: 76-81.

王勋. 2009. 多目标最优化的解及解法的研究[D]. 武汉：武汉科技大学.

王玉宝, 吴普特, 赵西宁, 等. 2010. 我国农业用水结构演变态势分析[J]. 中国生态农业学报, 18（2）: 399-404.

吴继英, 赵喜仓. 2009. 偏离-份额分析法空间模型及其应用[J]. 统计研究, 26（4）: 73-79.

吴普特, 冯浩, 等. 2003. 中国用水结构发展态势与节水对策分析[J]. 农业工程学报, 19（1）: 1-6.

吴孝情, 陈晓宏, 何艳虎. 2014. 东江流域用水结构演变特征及其成因分析[J]. 灌溉排水学报,（12）: 33-36.

吴玉鸣. 2006. 中国省域经济增长趋同的空间计量经济分析[J]. 数量经济技术经济研究, 23（12）：101-108.

吴玉鸣. 2010. 中国区域农业生产要素的投入产出弹性测算——基于空间计量经济模型的实证[J]. 中国农村经济,（6）：25-37.

夏绍玮, 赵纯均, 李英杰. 1986. 目标规划在动态投入产出模型中的应用[J]. 清华大学学报（自然科学版）, 26（2）：76-83.

谢露露, 张军, 刘晓峰. 2011. 中国工业行业的工资集聚与互动[J]. 世界经济,（7）：3-26.

许凤冉, 陈林涛, 张春玲, 等. 2005. 北京市产业结构调整与用水量关系的研究[J]. 中国水利水电科学研究院学报, 3（4）：258-263.

许士国, 吕素冰, 刘建卫, 等. 2013. 白城地区用水结构演变与用水效益分析[J]. 水电能源科学, 31（4）：139-142.

严婷婷, 贾绍凤. 2009. 水资源投入产出模型综述[J]. 水利经济, 27（1）：8-13.

杨骞, 刘华军. 2012. 中国二氧化碳排放的区域差异分解及影响因素——基于1995—2009年省际面板数据的研究[J]. 数量经济技术经济研究,（5）：36-49.

杨中文, 许新宜, 陈午, 等. 2015. 用水变化动态结构分解分析模型研究Ⅱ：应用[J]. 水利学报, 46（7）：802-810.

叶明确, 方莹. 2013. 出口与我国全要素生产率增长的关系——基于空间杜宾模型[J]. 国际贸易问题,（5）：19-31.

云逸, 邹志红, 王惠文. 2008. 北京市用水结构与产业结构的成分数据回归分析[J]. 系统工程, 26（4）：67-71.

曾五一. 1985. 关于动态投入产出最优化模型应用的研究[J]. 系统工程, 3（2）：29-37.

章平. 2010. 产业结构演进中的用水需求研究——以深圳为例[J]. 技术经济, 29（7）：65-71.

张宝安, 毛利凤, 张雪花. 2008. 秦皇岛水资源供需平衡预测分析[J]. 节水灌溉,（4）：31-34.

张红霞, 唐焕文, 林建华. 2001. 多目标动态投入产出优化模型应用研究[J]. 大连理工大学学报, 41（5）：514-517.

张金水. 2000. 可计算非线性动态投入产出模型[M]. 北京：清华大学出版社.

张玲玲, 李晓惠, 王宗志. 2014. 考虑用水与排污的可比价投入产出表的编制[J]. 统计与决策,（17）：18-21.

张玲玲, 李晓惠, 王宗志. 2015a. 最终需求拉动下区域产业用水驱动因素分解[J]. 中国人口资源与环境, 25（9）：124-130.

张玲玲, 王宗志, 李晓惠, 等. 2015b. 总量控制约束下区域用水结构调控策略及动态模拟[J]. 长江流域资源与环境, 24（1）：90-96.

张强, 王本德, 曹明亮. 2011. 基于因素分解模型的水资源利用变动分析[J]. Journal of Natural Resources, 26（7）：1209-1216.

张雪花, 张宏伟, 张宝安. 2008. SD法在城市需水量预测和水资源规划中的应用研究[J]. 中国给水排水, 24（9）：42-46.

赵菲菲, 刘东, 于苗, 等. 2012. 建三江分局用水结构演变及其驱动机制研究[J]. 水土保持研究, 19（2）：244-247.

中共中央国务院关于加快水利改革发展的决定[N]. 中国水利报, 2011年2月1日.

中国工程建设标准化协会建筑施工专业委员会. 2006. 工程建设常用专业词汇手册[M]. 北京：

中国建筑工业出版社.

中国科学院可持续发展战略研究组. 2007. 中国可持续发展战略报告——水：治理与创新[M]. 北京：科学出版社.

中华人民共和国水利部. 2010. 全国水资源综合规划[R].

中华人民共和国水利部. 2014. 中国水资源公报[M]. 北京：中国水利水电出版社.

钟契夫, 陈锡康. 1993. 投入产出分析[M]. 北京：中国财政经济出版社.

钟永光, 贾晓菁, 李旭. 2009. 系统动力学[M]. 北京：科学出版社：12.

周军, 王佳伟, 应启锋, 等. 2004. 城市污水再生利用现状分析[J]. 给水排水, 30（2）：12-17.

朱立志, 邱君, 魏赛, 等. 2005. 华北地区农用水资源配置效率及承载力可持续性研究[J]. 农业技术经济, （6）：26-30.

2013年江苏省人民政府工作报告[N]. 新华日报, 2013.

Allan J A. 1997. Virtual water: a long term solution for water short Middle Eastern economies[R]. Leeds: University of Leeds.

Amgad E, Hector M. 2007. Using system dynamics to model water-reallocation[J]. The Environmentalist, 27（1）：3-12.

Ang B W, Choi K H. 1997. Decomposition of Aggregate Energy and Gas Emission Intensities for Industry: A Refined Divisia Index Method[J]. The Energy Journal, 18（3）：59-74.

Ang B W, Zhang F Q. 2000. A survey of index decomposition analysis in energy and environmental studies [J]. Energy, 25（12）：1149-1176.

Anselin L. 1988. Spatial Econometrics: Methods and Models. Dordrecht: Kluwer Academic.

Anselin L. 2010. Thirty years of spatial econometrics[J]. Papers in Regional Science, 89（1）：3-25.

Anselin L, Raymond J, Florax G M, et al. 2004. Advances in Spatial Econometrics: Methodology, Tools and Applications, Berlin: SpringerVerlag.

Autant-Bernard C. 2011. Spatial econometrics of innovation: recent contributions and research perspectives[J]. Working Papers, 7（4）：403-419.

Bartagi BH, Egger P, Pfafermayr M. 2009. A generalized spatial panel data model with random effects[J]. Center for Policy Research Working Papers, 32（5）：650-685.

Bode E. 2004. The spatial pattern of localized R&D spillovers: an empirical investigation for Germany[J]. Journal of Economic Geography, 4（1）：43-64.

Bottazzia L, Giovanni P. 2002. Innovation and Spillovers inRegions: Evidence from European Patent Data [J]. European Economic Review, 47（4）：687-710.

BouhiaH. 1998. Water in the economy: integrating water resources into national economic planning [D]. Cambridge: HarvardUniversity.

Boyd G A, Roop J M. 2004. A note on the Fisher ideal index decomposition for structural change in energy intensity [J]. Energy, 25（1）：87-102.

Brooks K, James R. 2002. Valuing indirect ecosystem services: the case of tropical watersheds[J]. Environment and Development Economies, 7（4）：701-714.

Casler S D, Rose A. 1998. Carbon dioxide emissions in the US economy: astructural decomposition analysis [J]. Environmental and Resource Economics, 11（3-4）：349-363.

Chang Y F, Lewis C, Lin S J. 2008. Comprehensive evaluation of industrial CO_2 emission（1989-2004） in Taiwan by input-output structural decomposition[J]. Energy Policy, 36 (7): 2471-2480.

Cliff A, Ord J K. 1973. Apatial Autocorrelation[M]. London: Pion.

Conley T G, Molinari F. 2005. Spatial correlation robust inference with errors in location or distance[J].Journal of Econometrics, 140 (1): 76-96.

Dietzenbacher E, Velázquez E. 2007. Analysing Andalusian Virtual Water Trade in An Input-Output Framework[J]. Regional Studies, 41 (2): 185-196.

Duarte R, Sanchez-Choliz J, Bielsa J. 2002. Water use in the Spanish economy: an input-output approach [J]. Ecological Economics, 43 (1): 71-85.

Fisher W D. 1971. Econometric estimation with spatial dependence[J]. Regional and Urban Economics, 1 (1): 19-40.

Flick W A. 1970. Environmental repercussions and the economic structure: an input-output approach [J]. The Review of Economics and Statistics, 52 (3): 262-271.

Forrester Jay W. 1961. Industrial dynamics [M]. Waltham, MA: Pegasus Communications.

Forrester Jay W. 1971. World Dynamics [M].Cambridge, Mass: The MIT Press.

Harrison W J, Horridge J M, Pearson K R. 2000. Decomposing simulation results with respect to exogenous shocks [J]. Computational Economics, 15(3): 227-249.

Hassan R M. 2003. Economy-wide benefits from water-intensive industries in South Africa: quasi-input-output analysis of the contribution of irrigation agriculture and cultivated plantations in the Crocodile River catchment [J]. Development Southern Africa, 20 (2): 171-195.

Head K, Mayer T. 2004. "Non-Europe: The Magnitude and Causes of Market Fragmentation in the EU", Weltwirt-schaftliches Archive, 136 (136): 284-314.

Hoekstra R. 2005. Economic growth, material flows and the environment: new applications of structural decomposition analysis and physical input-output tables[M]. Edward Elgar Publishing.

Hoekstra R, van der Bergh J C J M. 2003. Comparing structural decomposition analysis and index[J]. Energy Economics, 25 (1): 39-64.

Jaffe A B. 1989. Real Effects of Academic Research. American Economic Review, 79 (5): 957-970.

Keller W. 2002. Geographic Localization of International Technology Diffusion[J]. American Economic Review, 92 (1): 120-142.

Kondo K. 2005. Economic analysis of water resources in Japan: using factor decomposition analysis based on input-output tables [J]. Environmental Economics and Policy Studies, 7 (2): 109-129.

Leontief W W. 1941. Structure of the American Economy [M]. New York: Oxford University Press, 1941.

Leontief W W. 1996. Input-Output Economic [M]. New York: OxfordUniversity Press.

Leontief W W, Ford D. 1972. Air pollution and the economic structure: empirical results of input-outputComputations[J], Input-output techniques: 9-30.

Lesage J P, Pace R K. 2009. Introduction to spatial econometrics[M]. CRC Press.

Maddison D. 2006. Environmental Kuznets Curves: A Spatial Econometric Approach [J]. Journal of EnvironmentalEconomics and Management, 51 (2): 218-230.

Matthias R, Frederick P. 2006. Modeling spatial dynamics of sea-level rise in a coastal area[J]. System Dynamic Review, 10 (4): 375-389.

Mensah E K. 1980. The management of water resources: a synthesis of goal programming and input-output analysis with application to the Iowa economy[D]. Ames: IowaStateUniversity.

Miller R E, Shao G. 1994. Structural change in the US multiregional economy[J]. Structural Change and Economic Dynamics, 5 (1): 41-72.

Monterio J A. 2009. Pollution Havens: a spatial Panel VAR approach. 1-26.

Moran P A. 1950. A Test for the Serial Independence of Residuals[J]. Biometrika, 37(1-2): 178-181.

Mossi M B, Aroca P, Fernández I J, Azzoni C R. 2003. Growth dynamics and space in Brazil[J]. International Regional Science Review, 26 (3): 393-418.

Paelinck J, Klaassen L. 1979. Spatial Econometrics[M]. Farnborough: Saxon House.

Project H U H E, Leontief W W. 1953. Studies in the Structure of the American Economy: Theoretical and Empirical Explorations in Input-Output Analysis [J]. Southern Economic Journal, 20 (1).

Qin H H, Zhang B X. 2010. International Conference on Management Science and Engineering [R]. Proceedings of 2010 International Conference on Management Science and Engineering.

Rey S J, Montouri B D. 1999. US Regional Income Convergence: A Spatial Econometric Perspective[J]. Regional Studies the Journal of the Regional Studies Association, 33 (2): 143-156.

Rose A, Chen C Y. 1991. Sources of change in energy use in the US economy, 1972-1982: a structural decomposition analysis [J]. Resources and Energy, 13 (1): 1-21.

Rupasingha A, Al E. 2004. The Environmental Kuznets Curve for US Counties: A Spatial Econometric Analysis withExtensions[J]. Papers in Regional Science, 83 (2): 407-424.

SimonovicS P, Ahmad S. 2004. Spatial System Dynamics: New Approach for Simulation of Water Resources Systems [J]. Journal of Computing in Civil Engineering, 18 (4): 331-340.

Samad F A. 1983. An evaluation technique for water resources in a complex river system[D]. Sydney: University of New South Wales.

Sbergami F. 2002. Agglomeration and Economic Growth: Some Puzzles[EB/OL]. Iheid Working Paper.

Seo S N. 2010. Isan integrated farm more resilient against climate change? A micro-econometric analysis of portfolio diversification in African agriculture[J]. Food Policy, 35 (1): 32-40.

Van Oort F. G. 2007. Spatialand Sectoral Composition Effectsof Agglomeration Economiesin The Netherlands[J]. Papersin Regional Science, 86 (1): 5-30.

Wernstedt K. 1991. The distribution of economic impacts among rural households: a general equilibrium evaluation of regional water policies[D]. Ithaca: CornellUniversity.

Winz I, Brierley G, Trowsdale S. 2009. The Use of System Dynamics Simulation in Water Resources Management[J]. Water Resources Management, 23 (7): 1301-1323.

Xin T, Miao C, Hiroki T, et al. 2013. Structural Decomposition Analysis of the Carbonization Process in Beijing: a Regional Explanation of Rapid Increasing Carbon Dioxide Emissions in China [J]. Energy Policy, 53 (1): 279-286.

Yih F C, Sue J L. 2008. Comprehensive evaluation of industrial CO_2 emission (1989-2004) in Taiwan by input-output structural decomposition[J]. Energy Policy, 36 (7): 2471-2480.

Zhang L L, Wang Z Z, Li X H, et al. 2015. Assessing driving factors of regional water use in production sectors using a structural decomposition method: a case study in Jiangsu Province, China[J]. Water Policy, 18 (2): 262-275.